楽しい

金属化合物の単結晶育成と物性

大貫　惇睦

アグネ技術センター

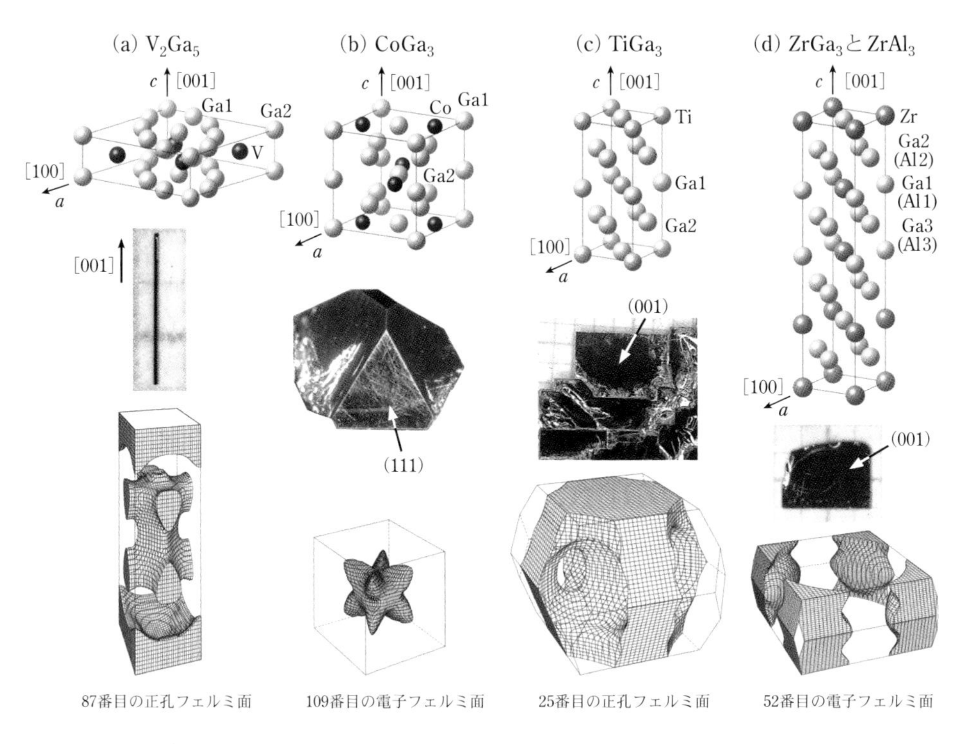

正方晶化合物 (a) V_2Ga_5, (b) $CoGa_3$, (c) $TiGa_3$, (d) $ZrGa_3$ と $ZrAl_3$ の結晶構造，その単結晶およびフェルミ面[42]．（本文 76 頁 図 4.30）

高圧合成で育成された (a) CuS_2 と (b) $CuSe_2$[57]．（本文 93 頁 図 4.40）

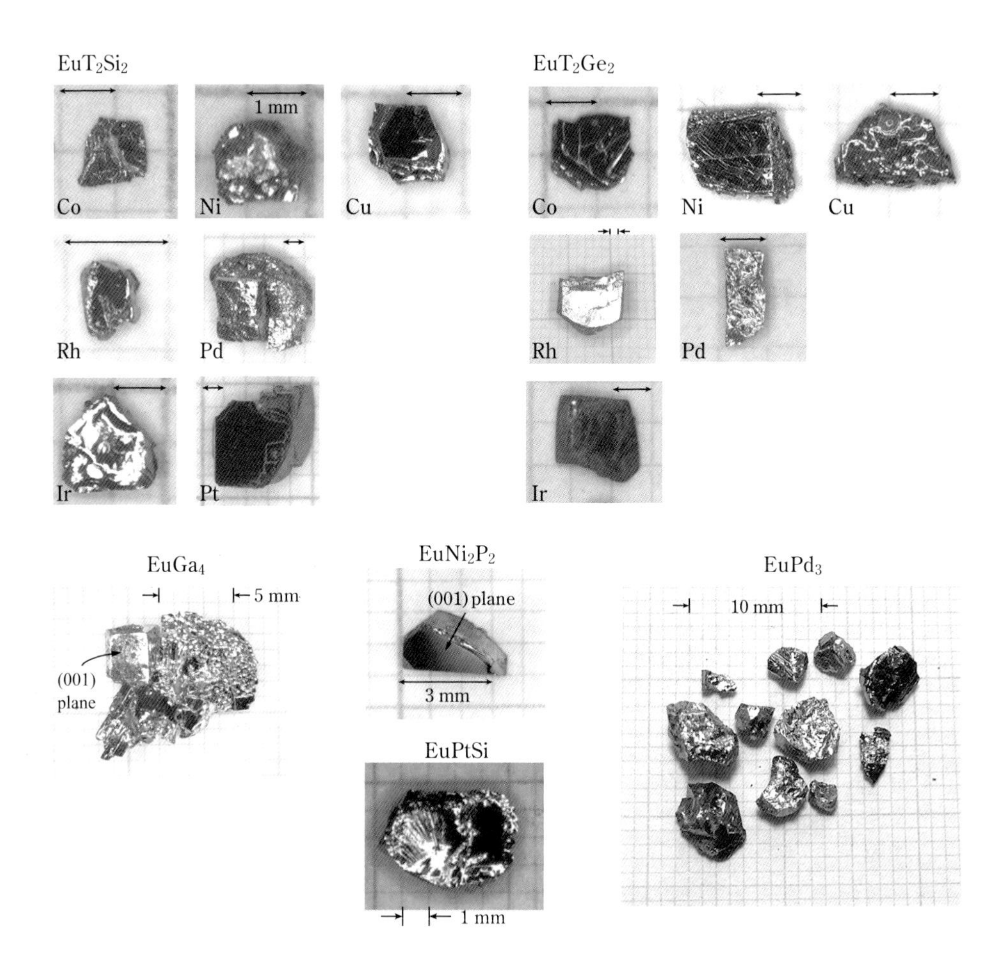

各種 Eu 化合物の単結晶[47]．（本文 81 頁 図 4.34）

はしがき

本書は主として磁性や超伝導の対象となる遷移金属や希土類・アクチノイド化合物の単結晶育成のノウハウを伝えようという思いから執筆したものである．強相関電子系とか重い電子系とか呼ばれている化合物が対象である．この種の化合物の物性を明らかにしようと取り組んだとき，いくつかの手法を駆使して単結晶が育成される．その単結晶試料を用いて，さまざまな実験が行われる．それぞれの実験手法で明らかになった実験結果が集まると，おおよその全体像が見えてくる．何やらわかったような気がする．理論家からの提案も大いに参考になる．しかし，しばらくするとしっくりしないことがとても気になってくる．そういうとき，必ず考えるのは化合物の単結晶試料の純良性である．もうちょっと純良な単結晶試料であれば，低温でのこの部分がはっきりするのではないか，などという思いが頭をよぎる．

筆者はこれまでさまざまな化合物の単結晶育成を行ってきた．その時はベストの試料を育成し研究をしたが，年月が経つと上述のような反省をすることになる．物性物理学は奥が深く単純ではない．しかし，一連の物性研究の中で素直な喜びを感じるのは，対象とする化合物の単結晶育成を行い，その単結晶を最初に手に取ったときである．形と大きさ，面の輝きを味わうのは最高の喜びである．この喜びを読者と共有したいという思いが本書を書く動機になった．

単結晶育成はいくつもの方法があり，それぞれの方法でスペシャリストが知られているが，筆者はさまざまな手法をオールラウンドに駆使できる技術を読者に身につけていただきたいと思っている．一つの育成法でいろいろ試みることは大切であるが，育成法が異なると違った一面が見えてくる．単結晶育成はやってみないとわからないことが多い．同時に強相関電子系の物理は学ぶことがたくさんあり，その基本も本書に含めた．実際の化合物を通して強相関電子系の物理の基本を身につけてもらいたいからである．本書を通して化合物の単結晶育成を学び，それを通して物性物理学にチャレンジしていただけたらと願っている．

本書をまとめるにあたり，仲間隆男教授（琉球大学・理学部）には清書をしていただき，図面や表の作成では松田達磨教授（東京都立大学大学院・理学研究科）にお世話になりました．両氏には厚く感謝致します．また，本書に登場する化合物の単結晶育成と物性研究は，主として筆者がこれまで所属していた埼玉工業大学・機械工学科，筑波大学・物質工学系，大阪大学大学院・理学研究科，日本原子力研究開発機構・先端基礎研究センター，琉球大学・理学部のスタッフや学生さんと一緒になって行いました．関係する多くの方々に感謝します．

2020 年冬

大貫惇睦

目　次

第1章　はじめに

周期表 (periodic table) はまことにすばらしい科学の産物で，見ていて飽きることがない[1)]．表 1.1 に示す周期表の元素の組み合わせで構成される化合物は極めて多数になるが，2 元素の組み合わせは状態図としておおよそでき上がっている．通常 1 つの状態図には 5 種類くらいの化合物が存在する．たとえば Ce - Ir の状態図を見ると，Ce_4Ir から始まって $CeIr_5$ まで 9 種類の化合物が存在する．Ce - Si では 6 種類，Ir - Si では 5 種類が明らかにされている．

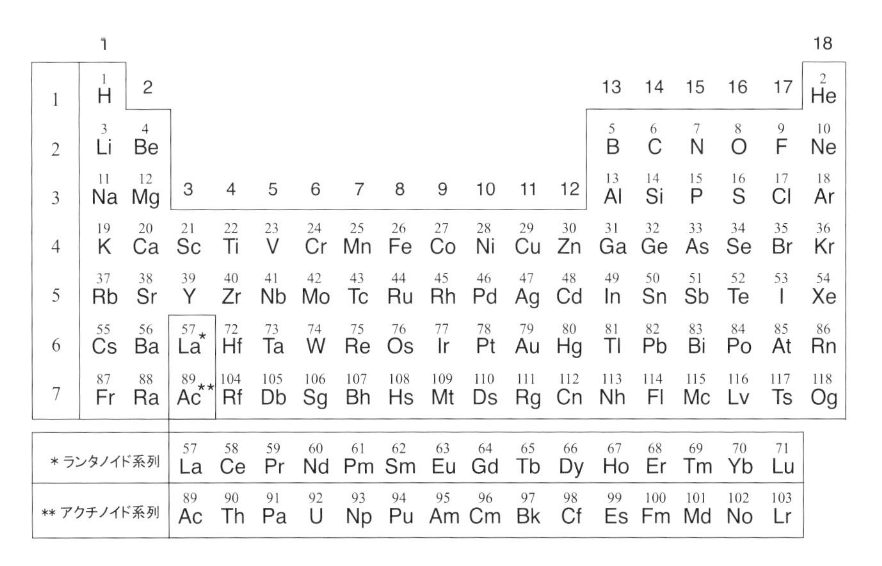

	1	2	3	4	5	6	7	8	9	10	11	12	13	14	15	16	17	18
1	1 H																	2 He
2	3 Li	4 Be											5 B	6 C	7 N	8 O	9 F	10 Ne
3	11 Na	12 Mg											13 Al	14 Si	15 P	16 S	17 Cl	18 Ar
4	19 K	20 Ca	21 Sc	22 Ti	23 V	24 Cr	25 Mn	26 Fe	27 Co	28 Ni	29 Cu	30 Zn	31 Ga	32 Ge	33 As	34 Se	35 Br	36 Kr
5	37 Rb	38 Sr	39 Y	40 Zr	41 Nb	42 Mo	43 Tc	44 Ru	45 Rh	46 Pd	47 Ag	48 Cd	49 In	50 Sn	51 Sb	52 Te	53 I	54 Xe
6	55 Cs	56 Ba	57 La*	72 Hf	73 Ta	74 W	75 Re	76 Os	77 Ir	78 Pt	79 Au	80 Hg	81 Tl	82 Pb	83 Bi	84 Po	85 At	86 Rn
7	87 Fr	88 Ra	89 Ac**	104 Rf	105 Db	106 Sg	107 Bh	108 Hs	109 Mt	110 Ds	111 Rg	112 Cn	113 Nh	114 Fl	115 Mc	116 Lv	117 Ts	118 Og

* ランタノイド系列	57 La	58 Ce	59 Pr	60 Nd	61 Pm	62 Sm	63 Eu	64 Gd	65 Tb	66 Dy	67 Ho	68 Er	69 Tm	70 Yb	71 Lu
** アクチノイド系列	89 Ac	90 Th	91 Pa	92 U	93 Np	94 Pu	95 Am	96 Cm	97 Bk	98 Cf	99 Es	100 Fm	101 Md	102 No	103 Lr

表 1.1　元素の周期表．元素記号の上の数字は原子番号．なお，113 番目の元素ニホニウム Nh は，わが国の理化学研究所森田浩介グループが発見し命名した．

しかし，これらの化合物で単結晶が育成されているのは少数である．さらにCe-Ir-Siの3元素ではおおよそ6～8種類の化合物が知られている．しかし，実際にはもっと多数あると想像される．20年ぐらい経つと2元状態図でさえ化合物の数が増えているのは驚きである．地道な研究が続いていることを知る．

化合物の単結晶を育成して物性研究をするとき，ある結晶構造に注目して，周期表の縦と横の一連の化合物を系統的に研究することが多い．たとえば，Feが入った化合物，次はCoとの化合物，さらにNi，…と横に進めば3*d*電子が1つずつ多くなり，Co，Rh，Irと縦に進めば，価電子の数は変わらずイオン半径が大きくなるので単位胞の体積が増大することになるだろう．その変化に対応して物性がどう変化してゆくかは大変興味深い．

結晶構造は図1.1に示すように三斜晶 (triclinic)，単斜晶 (monoclinic)，直方晶 (orthorhombic)，正方晶 (tetragonal)，三方晶 (trigonal，rhombohedral)，六方晶 (hexagonal)，立方晶 (cubic) の7つの結晶系に分類される．これらの結晶系はさらに230の空間群 (space group) に分類される．たとえば，立方晶でも空間群No.195からNo.230の36種類ある．本書でしばしば登場するのは$ThCr_2Si_2$型の正方晶と$AuCu_3$型の立方晶である．それを図1.2に示す．

本書の構成は次の通りである．まず状態図の基本を学ぶ．ある化合物の単

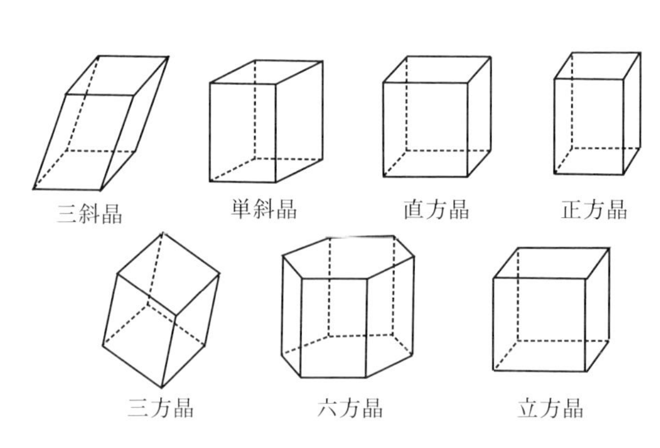

図1.1　7つの結晶系．

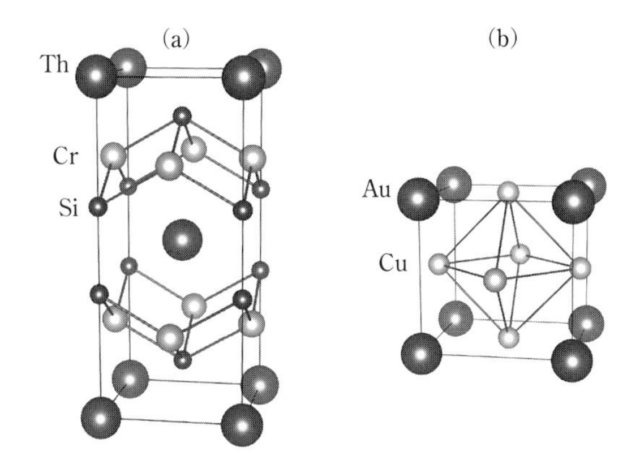

図 1.2 (a) $ThCr_2Si_2$ 型正方晶と (b) $AuCu_3$ 型立方晶.

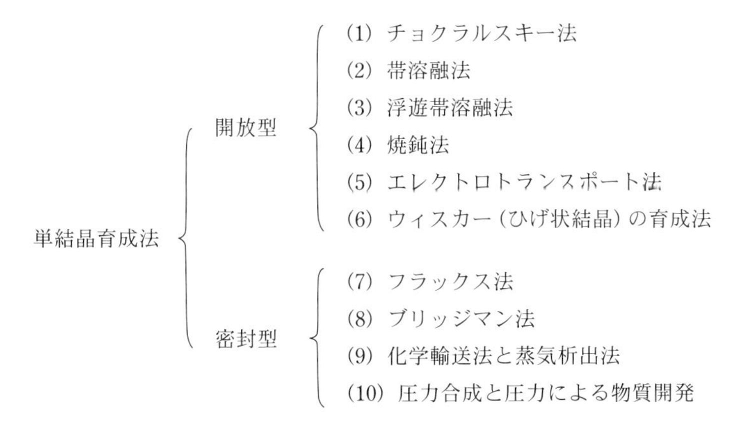

図 1.3 金属化合物の単結晶育成法.

結晶を育成しようとしたとき，もしも状態図がわかっていればどんな化合物が不純物として混入しやすいかがわかる．また，その化合物の単結晶育成にふさわしい方法が決定されるだろう．そういう意味で状態図の基本を知ることは重要である．次に電気炉の実態を知るために製作してみることをお薦めしたい．意外と役立つことを実感するだろう．本書の趣旨は，10 種類に分類した単結晶育成法をいかに取り組もうとする化合物の単結晶育成に役立たせるかである．10 種類の方法を図 1.3 に示す．この中で，手作りの簡単な電気炉で，たとえば，(4) の焼鈍，(6)のウィスカー育成法，(7) のフラックス法，(8) のブリッジマン法，(9) の化学輸送法が可能である．

ここで，化合物の成り立ちにもどりたい．化合物の構成元素（原子）は原子核とそれをとり囲む s, p, d, f 電子から構成される．これらの電子は方位量子数 l で決定され，$l = 0$（s，分光学で使用されていた記号，sharp），1（p，principal），2（d，diffuse），3（f，fundamental）である．s 電子は 1 種類の軌道で，↑と↓のスピンを考慮すると 2 種類ある．p 電子は p_x, p_y, p_z の 3 種類の軌道があり，2 種類のスピン自由度から 6 種類ある．d 電子は $3z^2-r^2$, x^2-y^2，xy，yz，zx の 5 種類の軌道と 2 種類のスピンで合計 10 種類，f 電子は xyz，$x(5x^2-3r^2)$，$y(5y^2-3r^2)$，$z(5z^2-3r^2)$，$x(y^2-z^2)$，$y(z^2-x^2)$，$z(x^2-y^2)$ の 7 種類の軌道と 2 種類のスピンで最大 14 種類ある．

周期表は原子に図 1.4 の矢印の示す順に s, p, d, f 電子を埋めることにより構成される．たとえば，原子番号 6 の C は $1s^2 2s^2 2p^2$，10 の Ne は $1s^2 2s^2 2p^6$，14 の Si は $1s^2 2s^2 2p^6 3s^2 3p^2$，26 の Fe は［原子番号 18 の Ar 殻］$3d^6 4s^2$，58 の Ce は［36 の Kr 殻］$4d^{10} 4f^1 5s^2 5p^6 5d^1 6s^2$，または［54 の Xe 殻］$4f^1 5d^1 6s^2$，92

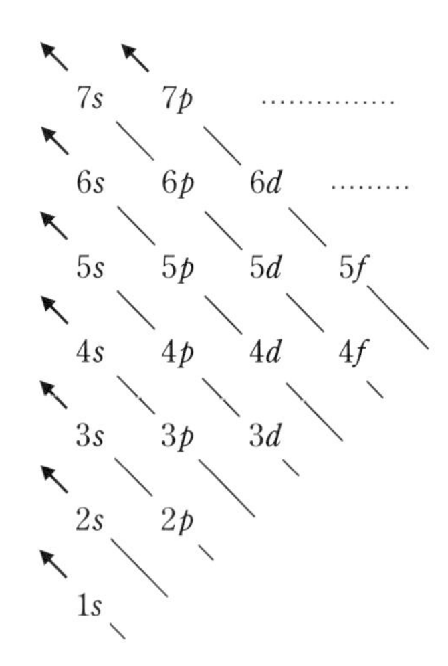

図 1.4　s, p, d, f 電子．矢印は原子に電子を埋めていく順序を示す．

の U は [54 の Xe 殻] $4f^{14}5d^{10}5f^{3}6s^{2}6p^{6}6d^{1}7s^{2}$，または [86 の Rn] $5f^{3}6d^{1}7s^{2}$ である．

これらの中性原子が実際に化合物となって物質を構成するわけである．その結合にはおおよそ 4 種類ある．その特徴は以下の通りである．

1. イオン結晶

Na ($1s^{2}2s^{2}2p^{6}3s^{1}$) と Cl ($1s^{2}2s^{2}2p^{6}3s^{2}3p^{5}$) は図 1.5 (a) に示す代表的なイオン結晶 (ionic crystal) NaCl を形成する．最外殻電子の $3s^{1}$ 電子を放出して 1 価の陽イオンになりやすい Na^{1+} とその 1 個の電子を受け取って閉殻構造になる Cl^{1-} は，この電子の授受とイオン間にクーロン引力がはたらいて結合する．したがって図 1.5 (a) に示すように Na と Cl は隣り合った結晶構造をとる．この場合，結合をこわさなければ伝導電子は生まれないので，イオン結合の NaCl は絶縁体である．

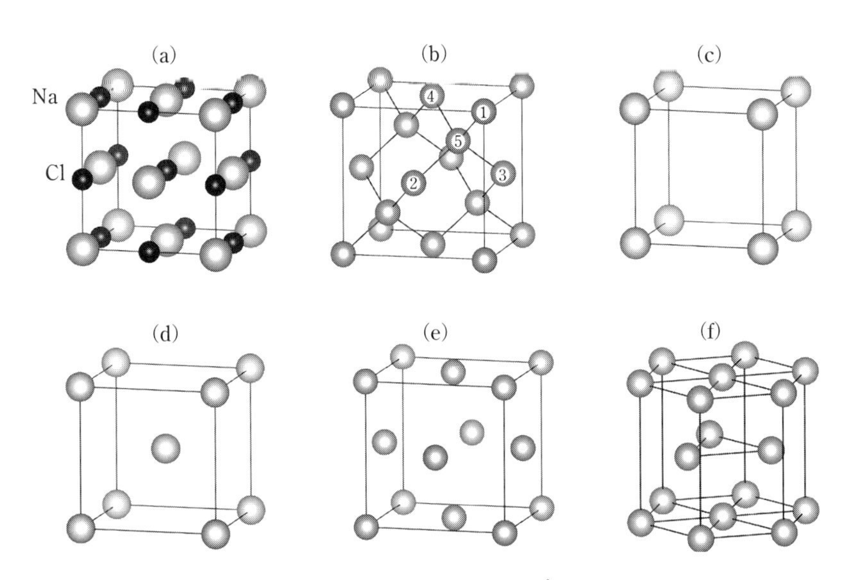

図 1.5 代表的結晶構造．(a) 面心立方晶 NaCl (a=5.628 Å)，(b) ダイヤモンド構造の Si (a=5.420 Å)，(c) 単純立方格子 α-Po (a=3.345 Å)，(d) 体心立方格子 α-Fe (a=2.866 Å)，(e) 面心立方格子 Cu (a=3.615 Å) と (f) 稠密六方格子 Co (a=2.507 Å, c=4.670 Å)．

2. 共有結合結晶

半導体として有名なSiは図1.5 (b) に示すダイヤモンド構造をとる. 図1.5 (b) の1, 2, …, 5と番号をつけた5個のSi原子に注目しよう. この5個のうち番号1から4の4個のSi原子は正四面体をなし, その重心に残りのもう1つの番号5のSiがある. ダイヤモンド構造はこの5個のSiの集まりである. 重心のSi ([Ne殻] $3s^2 3p^2$) の最外殻の $3s^2 3p^2$ 電子の波動関数は周囲の4つの原子に向かって広がり, まわりの4つのSi原子の $3s^2 3p^2$ 電子もまた重心に向かって広がり結合する. 結果として重心のSiの電子は $3s^2 3p^6$ の閉殻をなす. つまりお互いの電子を共有し合って結合するので共有結合 (covalent bond) と呼ばれる. 物質の中で最高の硬度を誇るダイヤモンドはC ($1s^2 2s^2 2p^2$) からなる. Siやダイヤモンドは基本的に絶縁体であるが, バンドギャップはそれぞれ1 eVと6 eVであり, 1 eV内外のバンドギャップを持つ絶縁体を半導体と呼ぶ.

3. 金属結晶

金属 (metal) の典型的な結晶構造は図1.5 (c) ~ (e) に示す単純立方格子 (simple cubic lattice), 体心立方格子 (body centered cubic lattice, bcc), 面心立方格子 (face centered cubic lattice, fcc), および図1.5 (f) の稠密六方格子 (hexagonal closed packed lattice, hcp) である. 原子の最外殻の価電子が結晶全体の共有物として供出され, その一部は伝導電子となって結晶中を動き回る. 残されたイオンは伝導電子を結合の糊として稠密に固まる, というのが金属のイメージである. 具体例として図1.5 (c) の単純立方格子を考えよう. ただし, 単体金属で単純立方格子を形成するのはほとんどなく, 体心か面心立方格子である. 単純立方格子では単位胞当たり原子1個が占有されることになる. 原子は1価金属とすると, 原子1個当たり1個の価電子が伝導電子になるので, 仮に格子定数 $a=4$ Å とすると, キャリア数は $n=1/a^3 \simeq 10^{22}$ 個/cm^3 となる. 1 cm^3 の金属結晶の中に 10^{22} 個の伝導電子が動き回って陽イオンを凝集させている. キャリアが単純にイオンを結びつける凝集の源（結合の糊）だと考えると，1価のアルカリ金属より2価のアルカリ土類金属の方が凝集力は大きくなるので，融点は高くなる．さらに d 電子が加わった遷移金属は融点がもっと高いことになる．たとえば，単体金属の価電子と融点，および結晶構造は，K（$4s^1$，63℃，bcc），Ca（$4s^2$，842℃，fcc），Sc（$3d^14s^2$，1541℃，fcc），Ti（$3d^24s^2$，1668℃，hcp）… となる．単体金属の中でTiのように稠密六方格子の結晶構造をとるものも少なくない．

4. 分子性結晶

ネオンやアルゴン等の不活性ガスや酸素や窒素ガスはファンデルワールス（Van der Waals）力で電気的に中性のまま結合し，分子性結晶（molecular crystal）をつくる．したがってその結合はゆるく，たとえばfcc構造の個体のNeの融点は T_m=24 Kと極めて小さい．ここでNeの原子は中性原子であるが，電子雲の重心は必ずしも原子核の位置と一致せず，その結果双極子モーメントが原子に形成されると考えられる．こういう原子が集まると，互いに引力となるような方向に双極子の向きを揃えて結晶を形成する．

上述の4種類の結合は，化合物によっては2つの結合が組み合わされることもあるだろう．たとえば，電荷密度波で有名な1T-TaS_2は層状化合物であり，六方晶のS-Ta-Sが金属結合で1つの層をなし，その層がファンデルワールス力で結合している．伝導電子は層の面内での運動に限定されることになる．

本書は金属化合物の単結晶育成を念頭に置くが，絶縁体の化合物に対しても多くは適用されるであろう．

参考文献

1) 文部科学省が発行している「一家に一枚」ポスターに「元素周期表」(https://stw.mext.go.jp/) がある.

第 2 章　状態図

状態図は大別すると (1) 全率固溶系，(2) 共晶系，(3) 包晶系，(4) 溶け合わない系になる．これらの特徴を知ると，金属化合物の単結晶育成に役立つ．どのような不純物が入り込みやすいか，それを避けるにはどうしたらよいかなどの基本が状態図にある．

2.1　Fe-C の状態図

金属化合物の単結晶を育成する上で，平衡状態図 (equilibrium alloy phase diagram) の理解は欠かせない[1]．周期表の原子 A と B からなる合金を溶かし，融体をゆっくりと冷却しながら，その温度を計測することによって冷却曲線を作成する．融体の一部が凝固を開始すると，凝固に伴う潜熱を放出するので冷却曲線がゆるやかになり，完全に凝固すると再び冷却曲線に変化が生じる．温度はアルミナ保護管に入った熱電対を合金融体に差し込み測定する．A と B の組成を変えながら，冷却曲線の変化する温度をプロットして作成した図が状態図である．2 元合金状態図はこれまでの研究から大方作成されている．3 元状態図の場合は，知られているのは数が少ないので，3 元素の化合物の単結晶を育成するときは 3 つの 2 元状態図から予想するしかない．

さて，図 2.1 は Fe-C 系の状態図である[1,2]．純鉄に炭素含有量が重量比で 0.02 ～ 2％のものを炭素鋼 (carbon steel) と呼び，炭素量が多くなると硬く強くなる．中でも炭素量が 0.7 ～ 1.3％のものは 850 ～ 900℃に加熱後，

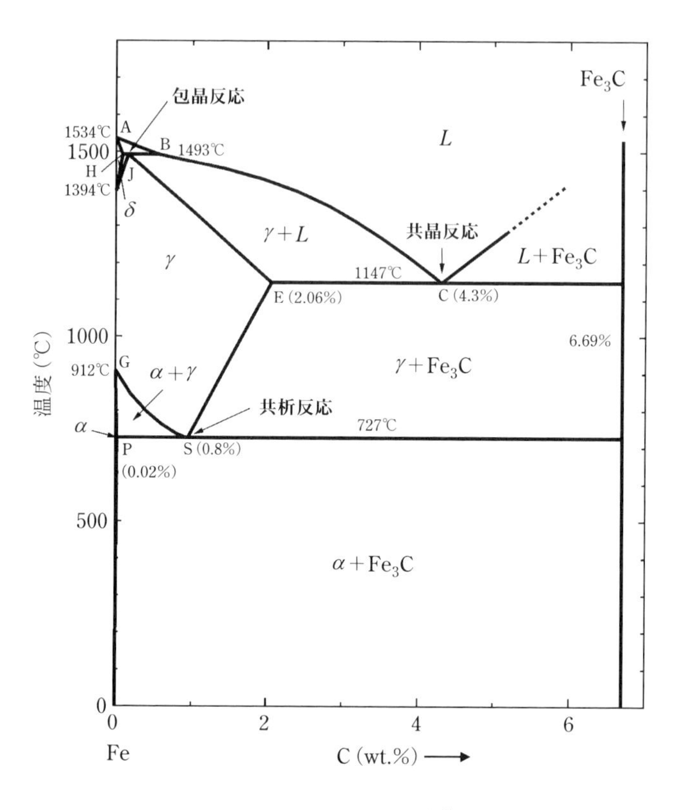

図 2.1　Fe-C の状態図[1, 2].

焼入れ (クエンチ，quenching) という急冷処理を行うことによってマルテンサイト (martensite) 組織を得ると非常に硬くなる．まばゆい電気炉の中の炭素鋼の小片を火ばさみでつかみ，いきなり水の入った容器にこの小片をつっ込むことを焼き入れという．キューンといういかにも苦しそうな特徴のある音がすると炭素原子の拡散を伴わずにマルテンサイト組織が得られる．小片の表面をエメリー紙で磨き光学顕微鏡で観察すると竹の葉状のマルテンサイト組織が見られる．なお，炭素量が 2% を越えた合金は鋳鉄 (cast iron) と呼ばれ，炭素鋼と性質は著しく異なる．

純粋な鉄は温度によって結晶構造が異なる相に，以下のように変化する．

912℃　　　1394℃　　　1534℃

← α 鉄 →｜← γ 鉄 →｜← δ 鉄 →｜←融体

（フェライト）　（オーステナイト）　（フェライト）

(ferrite, bcc)　(austenite, fcc)　(ferrite, bcc)

α 鉄は0.02％まで炭素を固溶し，γ 鉄は前述の2％である．ここでの固溶というのは，鉄原子が占有している格子位置を炭素原子が置き換わるということではなく，ある特定の格子のすき間を炭素原子が占有することを意味する．一方，炭素原子が重量比6.69％（原子比25％）の Fe_3C（セメンタイト，cementiteと呼ばれる）は直方晶の定まった結晶構造をとる．このような合金は金属間化合物と呼ばれ，本書では単純に金属化合物と呼ぶことにする．図2.1には1493℃で起こる包晶反応，1147℃での共晶反応，727℃での共析反応が見られる．なお，Fe_3C の炭素原子の割合は，1/(3+1)=0.25，重量比は12.011/(55.847×3+12.011)=0.0669…で，％表示ではそれぞれ25％，および6.69％である．ここで，Feの原子量は55.847，Cは12.011である．図2.1のFe-Cの状態図の横軸はCの重量％（wt.％）で表されているが，通常の状態図では原子比（at.％）で表現するのが普通である．

これから別の合金例をもとに，状態図の基本を学ぶ．

2.2　全率固溶系

原子Aと原子Bが結晶格子を組んだとき，それぞれのイオン半径がほぼ同じで，同じ結晶構造で，価電子が同じようなとき，その合金は全率固溶体（solid solution in the binary system）をなす．つまり，合金の全組成で，原子AとBが不規則に置き換わることができる．図2.2(a)はそれぞれ単独では面心立方晶をなす金属のCuとNiの状態図で，周期表で隣り合わせである[1,2]．原子の外殻電子配置はそれぞれ $3d^{10}4s^1$, $3d^8 4s^2$ でほぼ似ている．

図2.2(b)はNiと $Ni_{0.8}Cu_{0.2}$ の冷却曲線を模式的に描いたものである．Ni

の融点1454℃では，冷却曲線はある冷却時間の間一定のままであり，この間に融体の潜熱が放出されて凝固することを意味する．次に$Ni_{0.8}Cu_{0.2}$の場合は，温度T_1 (≃1412℃) で融体は液相線L_1に交わり，S_1の組成の固相が初晶 (primary crystal) として融体の中に晶出する．その初晶はおおよそ$Ni_{0.91}Cu_{0.09}$に近い．その後，温度T_2 (≃1378℃) では液相は$L_1 \to L_2$に，固相は$S_1 \to S_2$に変化し，液相：固相$=\overline{MS_2} : \overline{L_2M}$はおよそ2：7になる．そして温度$T_3$ (≃1360℃) で完全な固相の$Ni_{0.8}Cu_{0.2}$になる．この冷却過程での固相の濃度は温度T_1で$Ni_{0.91}$，温度T_2で$Ni_{0.84}$，温度T_3で$Ni_{0.8}$に変化したことになる．固相の中心部はNiの濃度が濃く，表面部は薄いことが予想されるので，Ni原子とCu原子が凝固とともにすみやかに移動しなければ一様な組成の固相は実現できない．このような平衡状態図が実現するには，極め

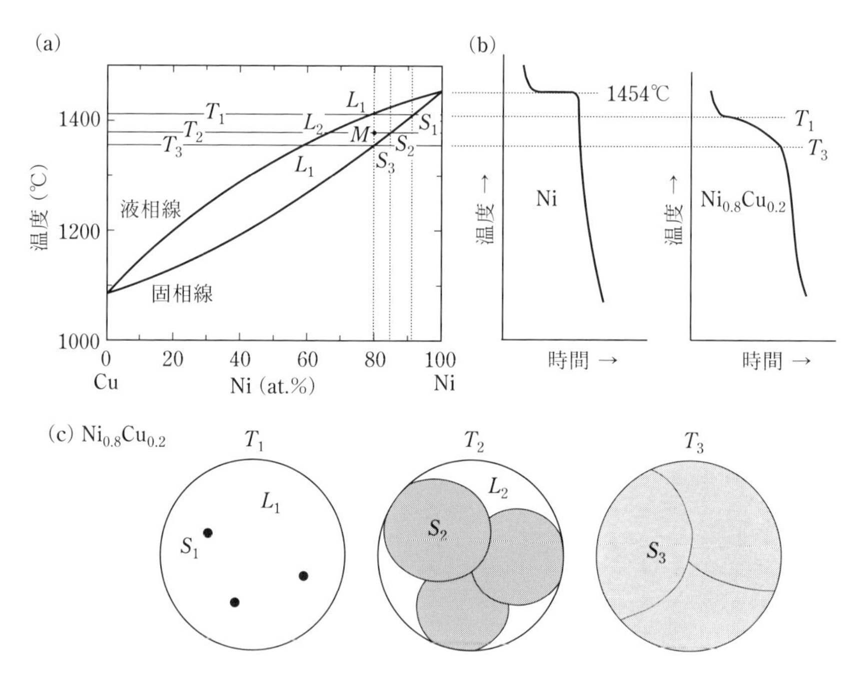

図 2.2　(a) Ni-Cuの状態図[1,2]と (b) Niと$Ni_{0.8}Cu_{0.2}$の冷却曲線，および (c) $Ni_{0.8}Cu_{0.2}$の温度T_1，T_2，T_3での凝固過程．

てゆっくりした冷却時間を必要とする．固相つまり固体の中で原子が移動することを原子の拡散 (diffusion in solid) と呼ぶ．言い換えると，冷却時間が早すぎると，図 2.2 (c) の温度 T_3 での 3 つの結晶粒内で中心部と外側で組成の不均衡ができる．これを結晶偏析 (crystal segregation) という．偏析を取り除くには，たとえばこの場合では $Ni_{0.8}Cu_{0.2}$ のインゴットをタンタル箔に包み，石英管に真空封入して電気炉にセットし，およそ 10 日間 900℃で保持すればおよそ均一な固相が得られるであろう．これを焼鈍 (アニール，annealing) という．これは，第 4 章 4.5 節「焼鈍法」で再び述べる．

後述する帯溶融法 (zone melting method) は，細長いインゴットの一部を溶融し，その溶融部分を移動させて単結晶を育成する方法であるが，帯溶融法は純良な単体金属を得る方法でもある．たとえば，Au の中に Ag が不純物として入っていたときは Au-Ag の状態図は図 2.3 (b) のようなので，不純物の Ag 初晶は Ag 濃度がうすいので，Ag はボートの右側に偏析することにな

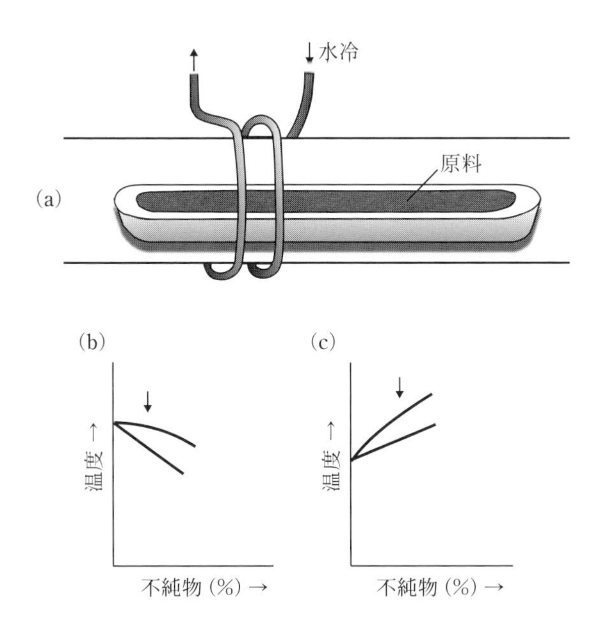

図 2.3 (a) 帯溶融装置と，(b) と (c) 不純物に関するそれぞれの状態図．

る．その帯溶融を続けるとAg不純物は右側に掃き寄せられることになるだろう．一方，Auの中のPt不純物は図2.3 (c) のケースで初晶のPt不純物は多くなる．したがって，Ptは左側に掃き寄せられることになるだろう．いずれにせよ，帯溶融を繰り返せば左右に不純物は掃き寄せられ中央部の純度は上がることになる．

2.3　共晶系

次に炭素鋼で登場した共晶系 (eutectic system) とは液相では完全に溶け合

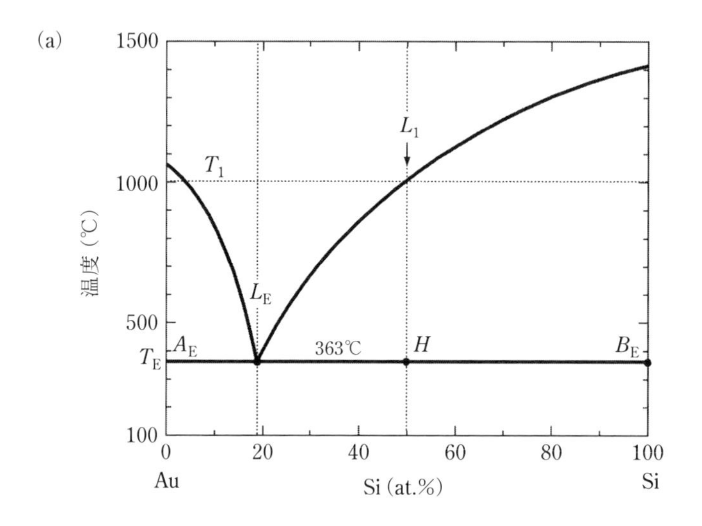

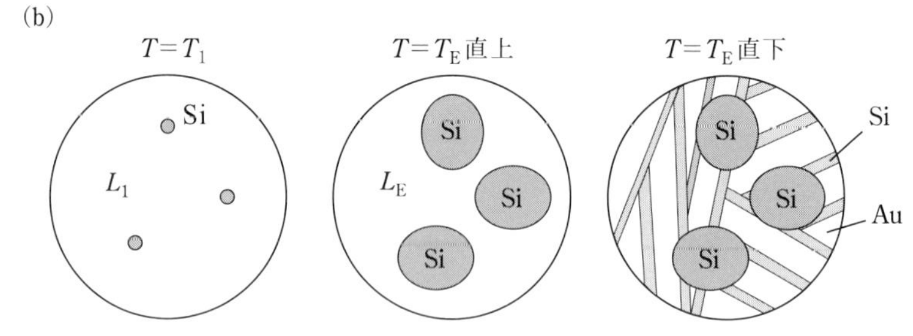

図2.4 (a) Au-Si共晶系の状態図[2)]．(b) $Au_{0.5}Si_{0.5}$ の温度 $T=T_1$, T_E 直前と直後の凝固過程．

うが，固相でAとBがまったく固溶することなく分離して形成される合金である．図2.4 (a) は，Au-Si共晶系の状態図である[2)]．たとえば，$Au_{0.5}Si_{0.5}$の融体から出発し，温度T_1 (≃1000℃) に下降すると，Siが初晶として晶出する．共晶温度T_E (≃363℃) の直前では液相は$L_1 \rightarrow L_E$，固相はSiのB_Eである．つまり，液相：固相=$\overline{HB_E}$：$\overline{L_EH}$であり，およそ4割がSiの固相で6割が組成L_E (≃18%のSi含有率) の液相である．このL_Eの液相が固溶することなくAu：Si=$\overline{L_EB_E}$：$\overline{A_EL_E}$で凝固する．つまり，$L_E \rightarrow A_E$(Au) +B_E(Si) の共晶反応によってAuとSiが同時に晶出する．その際，固相となったSiのまわりの液相内はAu濃度が高まり，Auの周辺の液相図はSi濃度が高まるので，Si-Au-Si-Au-…の配列でAuとSiが交互に混じり合い，たとえば図2.4 (b) に示すような組織となるので共晶という．

共晶の特徴は，その共晶融点363℃がAとBの融点，つまりAu (T_m=1064℃) とSi (T_m=1414℃) の融点よりはるかに低いことである．はんだ (solder) はPbとSnの共晶合金であり，銅線をはんだするとはSnが銅表面に拡散して合金層をつくることである．Pb-Snの状態図を図2.5に示す[2)]．PbとSnは

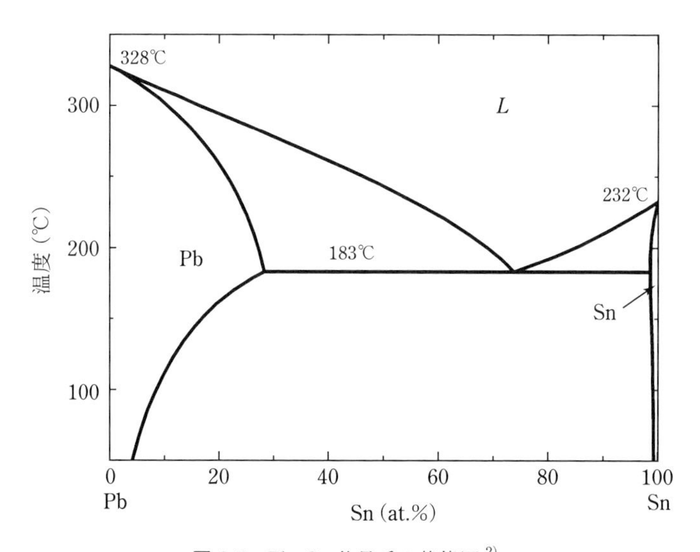

図2.5　Pb-Sn共晶系の状態図[2)]．

それぞれをお互いにある組成まで固溶することができることが図2.4との違いである．共晶点 (eutectic point) は183℃と極めて低い．

Au-SiやPb-Snでは液相が共晶反応を起こしていた．図2.1のFe-Cの状態図を見ると，Cの4.3重量パーセントでも1147℃の温度で，同じように液相がγ相とセメンタイト (Fe_3C) で共晶反応を起こしている．さらに，Cの0.8%，温度727℃での反応は，固相のγ相がα相とセメンタイト (Fe_3C) で共晶反応を起こしている．固相で起こる共晶反応を共析反応 (eutectoid reaction) と呼んでいる．

2.4　包晶系

共晶系の場合はA, Bから出る液相線と固相線がいずれも下向きであったが，一方が下向き，他方が上向のとき異なった状態図となる．それが図2.1に示した1493℃で起こる包晶系 (peritectic system) のFe-Cの状態図である[1,2]．改めてそれを図2.6 (a) に示す．温度T_P=1493℃のJ点が包晶点 (peritectic point) であり，このC濃度の合金を融体から冷却すると，まずフェライトのδ相が初晶として析出し，Jの包晶点に達する．それに伴い，液相はB点のC濃度L_Bになり，固相はH点の濃度のδ相，つまりδ_Hとなって，$L_B+\delta_H \rightarrow \gamma_J$の包晶反応が起こる．つまり初晶はなくなりCの濃度がJのオーステナイトγ_Jに変化することになる．もちろん液相L_Bもγ_Jに変化する．固相δ_HはCの濃度が固相γ_Jより薄いので，固相のまわりを包んでいる液相からCは内部に向かって拡散し, Feは逆に周囲に拡散することによって一様な固相γ_Jとなる．このような平衡状態に達するには長い時間がかかることになる．

逆にCがJの濃度の固相 (γ_J) からゆっくり昇温してゆくと，$T=T_P$=1493℃で一様な濃度の液相にならず, L_Bの液相とδ_Hの固相に分解溶融 (incongruent melt) することになる．一方，共晶点での固相は一様な溶融となる．包晶はこのように共晶とは著しく異なる．

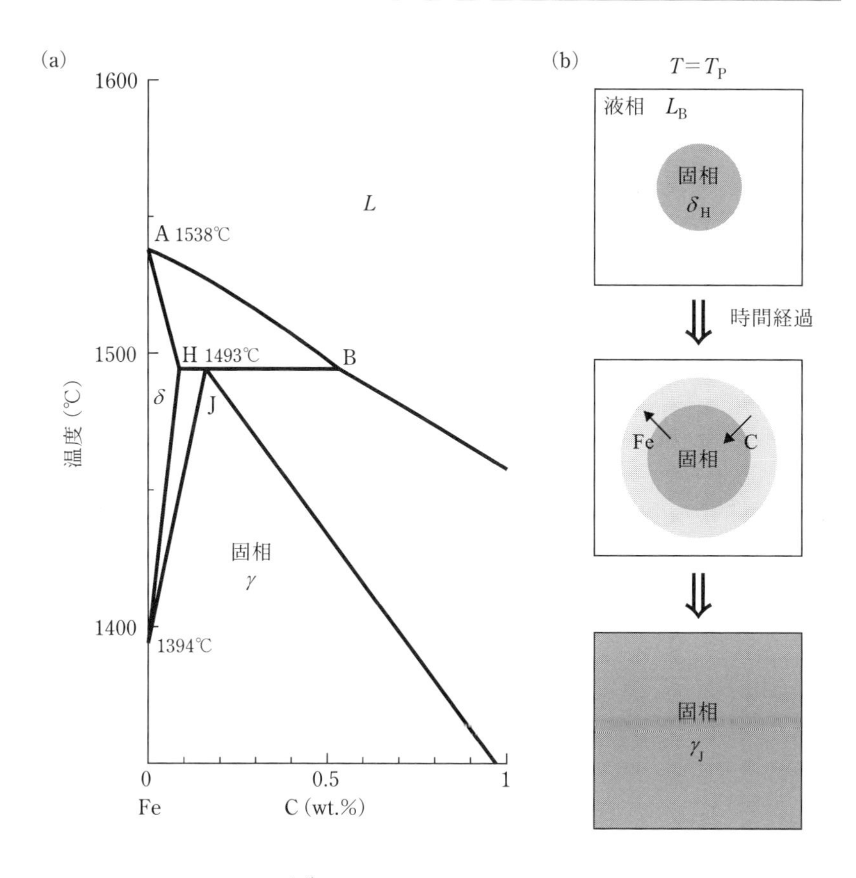

図 2.6 (a) Fe-C の状態図[1,2]．(b) 包晶温度 T_P での時間の経過による組織の変化.

2.5　溶け合わない系

これまで学んだ共晶系と包晶系を改めて図 2.7 (a) と (b) にそれぞれ示す．α 相はここでは A 単体に B がある組成まで固溶できる，β 相は B 単体に A が固溶できる場合を想定している．$\alpha+\beta$ は α 相と β 相が混じらず α 相のまわりが β 相で β 相のまわりが α 相と，それぞれくり返して合金系をなしている．また，液相 L のときは一様に A と B は混じり合っていることを想定した状態図である．混じり合わない液相とは，たとえば水の上に浮いた灯油を思い浮かべればよいだろう．液相が混じり合わない，あるいは溶け合わない (monotectic) 相図を“2 液相”として図 2.7 (c) に示す．

以上，状態図の基本を述べた．この説明は平衡状態という十分長い時間が保証された場合であり，通常は偏析，あるいは析出 (deposition) が起こり，一様な合金組織を得ることは難しい．さらに私たちが育成しようとする化合

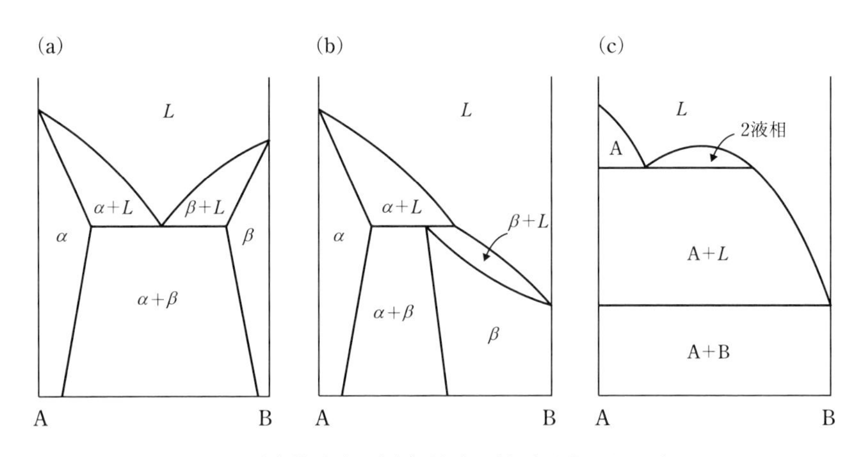

図 2.7 (a) 共晶系，(b) 包晶系，(c) 溶け合わない系．

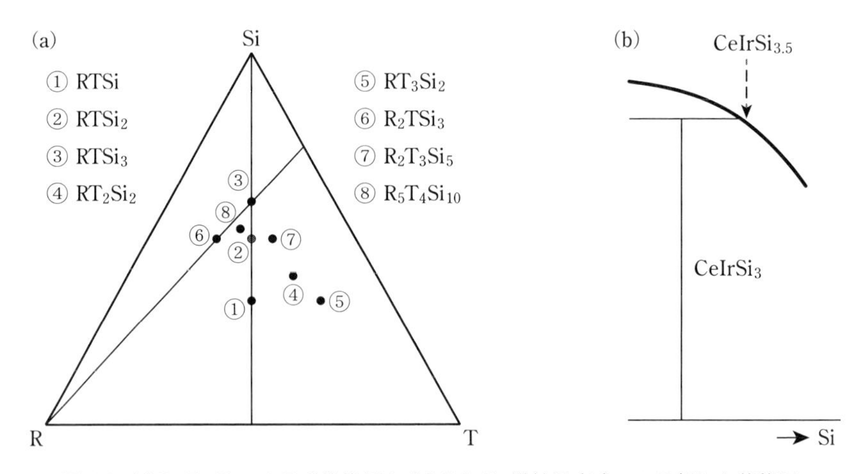

図 2.8 (a) R-T-Si の 3 元系状態図と (b) $CeIrSi_3$ 単結晶育成での予想した状態図．

物は，状態図がほとんどわかっている2元系ではなく，3元系であることが多い．Rをたとえば希土類，Tを遷移金属，XをSiのR-T-Si系化合物を考えよう．図2.8(a)に示すようにおよそ8種類の金属化合物があり，それぞれの化合物の融点はわからないことが多い．そのような化合物の，たとえば図2.8(a)の③の$CeIrSi_3$の単結晶をどうやって育成するかが本書の目指すものである．図2.8(b)の3元素状態図については$CeIrSi_3$を通して第4章のチョクラルスキー法で述べるが，ここでは図2.8(a)での$CeIrSi_3$の状態図上の位置について説明する．R=Ce, T=Irとすると，CeIrは$\overline{CeIr}$の中央に位置する．$CeIrSi_3$は$\overline{CeIr}$にSiから垂直に降ろした垂直線上にある．次に$IrSi_3$を考えると，$\overline{IrSi}$を4等分したSi側の1つに位置する．この点とCeを結ぶ線がさきほどの垂直線と交わる点が$CeIrSi_3$の位置になる．すなわち，③である．

参考文献

1) 清水要蔵 著，長崎誠三 補訂：改訂増補 合金状態図の解説（アグネ，東京，1969）．
2) NIMS 物質・材料データベース：http://mits.nims.go.jp/

第 3 章　電気炉

研究用の炉には高価で大がかりな高周波炉に始まり，たくさんの炉がその用途に応じて市販されている．その一部は次章の単結晶育成法に登場するが，ここでは安価にできる簡便な手作り電気炉の製作を紹介する．

電気炉の製作は単結晶育成の入門であり，楽しい作業である．電気炉はまず炉心管があり，それに発熱用の抵抗線を巻き，電気炉の温度を知るために熱電対の細い保護管を入れて，断熱材でおおえばよい．抵抗線に AC の電流を流してそのジュール熱で抵抗線が発熱体となり，熱電対の温度計で温度を計測しながら電流が制御される．

内部の炉心管としては，たとえば内径 24 mm，外径 30 mm，全長 650 mm のセラミック（アルミナ）管を選ぶ．その用途に応じて径を選べばよいが，内径が小さいほど一様な高温が得られる．

次にヒーターの抵抗線では直径 1.0 mm のカンタル線第 1 種 (Kanthal, $Cr_{0.23}Fe_{0.69}Al_{0.06}$) を選ぶ．ここで，発熱体としてはカンタル線と同じで抵抗線のニクロム線 ($Ni_{0.8}Cr_{0.2}$ または $Ni_{0.60}Cr_{0.17}Fe_{0.23}$) がよく知られている．最高使用温度はカンタル線第 1 種が 1200℃，ニクロム線第 1 種が 1100℃である．カンタル線は硬いがニクロム線はある程度柔らかいので，カンタル線を炉心管に固定するのにニクロム線を巻きつけて使うとよい．発熱体の最高使用温度を図 3.1 (a) に示す．ここで電気炉の発熱体として，黒鉛 (C，最高使用温度 2600℃)，ケイ化モリブデン ($MoSi_2$，1900℃)，炭化ケイ素 (SiC，1600℃)

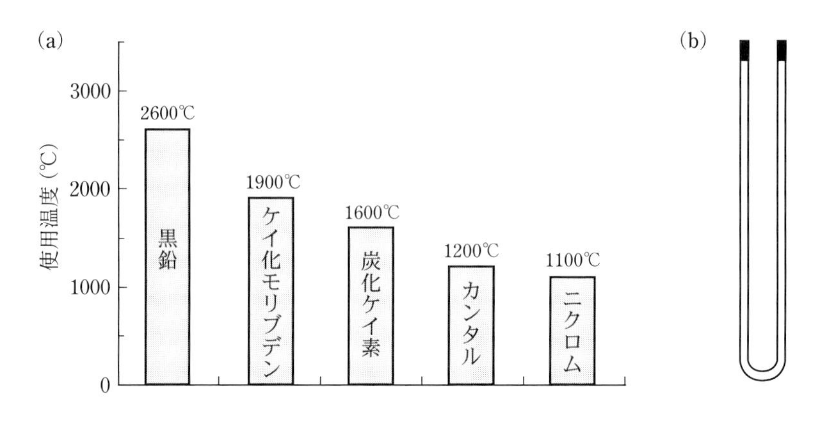

図 3.1 (a) 発熱体の最高使用温度および (b) 炭化ケイ素発熱体のパーツ.

がある．これらの発熱体は空気中で使用できるが，黒鉛だけは酸化してしまうのでアルゴンガスなどの不活性ガス雰囲気中でのみ使用可能である．他の発熱体は高温の空気中で酸化しないわけではなく，最高使用温度以下でなら長時間使用可能であることを意味している．半導体の炭化ケイ素発熱体は高温になると導電性がよくなり，電気炉はシリコニット炉と呼ばれ，たとえばヒーターは図3.1(b) に示す細長いU字形をしていて，その両端に電流を流す．このU字形の発熱体は炉心管のまわりに6個とか8個セットされる．発熱体の導通がなくなったときは，切れた図3.1(b) の発熱体のパーツを探し出して新たな発熱体に交換すればよい．パーツは安価である．なお，よく知られたモリブデン (融点2620℃，沸点4650℃) やタングステン (融点3380℃，沸点5555℃) も発熱体である．通常の市販のボックス型電気炉も周囲には発熱体のパーツが並んでいる．

さて，カンタル線の炉心管への巻き方について述べる．100 V で 1 kW になるようにすれば，およそ1200℃が得られる．$1000\,[\mathrm{W}] = 100^2/R$ から抵抗 R は $R = 10\ \Omega$ となる．カンタル線の抵抗が 1.4 Ω/m であるとすれば，長さはおよそ 7 m となる．カンタル線を図3.2のようにまず炉心管の先端部分をゴムのシートで包んで旋盤にセットする．人数は2人，もしくは3人がかりで，

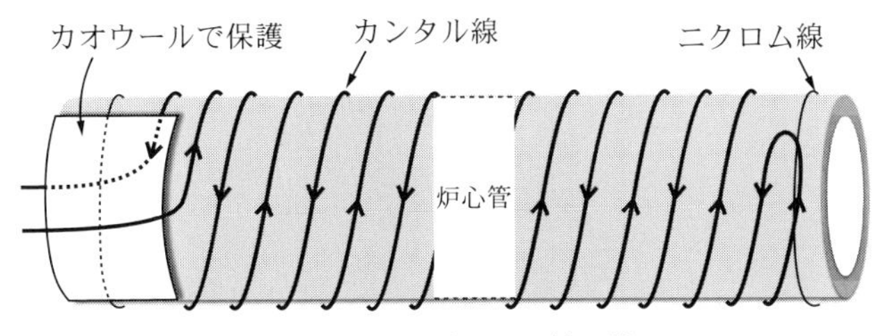

図 3.2　カンタル線を炉心管に巻く.

カンタル線をペンチを使って引っぱりながら巻いていく．そのためには柔らかなニクロム線で先端と終端でカンタル線を炉心管に固定する必要がある．炉心管には巻きつける間隔に印をつけて，その通りに巻いてゆく．炉心管の左端から右巻きで出発したら右端で終わるのでなく，左巻きで左端の出発点にもどる．つまり，補償し合う (compensate) コイルの巻き方をする．出入口は，固定するニクロム線がもどってきたカンタル線とショートしないようにカオウールあるいはイソウール等のセラミックウール断熱材を利用する．また，熱電対用の保護管をセットする．

次にウェットフェルトのセラミックウールやイソウールブランケット等の耐熱材で，抵抗線を巻いた炉心管および熱電対の保護管を厚み 4 ～ 10 cm ぐらい巻いていく．これを縦型炉とするときは，その周りをイソライトの耐火断熱れんがで固めると，中心部が一様な電気炉ができ上がる．それを図 3.3 に示す．なお，熱電対用の保護管は引き抜き，直接熱電対を炉の中心部分に差し込む．横型炉とするときは，耐火れんがは使わず，耐火断熱材を厚く巻くのもよいだろう．さらに，化学輸送法のときは横型の電気炉となるが，左半分と右半分で分けてカンタル線を巻き，別々に異なる電流を流すことになる．したがって熱電対も 2 カ所必要である．製作した電気炉には適当な電源が必要であるが，市販のものが多数あるのでここでは触れない．

一番重要なことは電気炉の温度分布である．たとえば，設定温度を 1000℃にして，1 cm おきに上下の温度分布を測定しておく必要がある．ここで記述した電気炉は，融点が 1200℃以下の化合物でのブリッジマン法，融点に

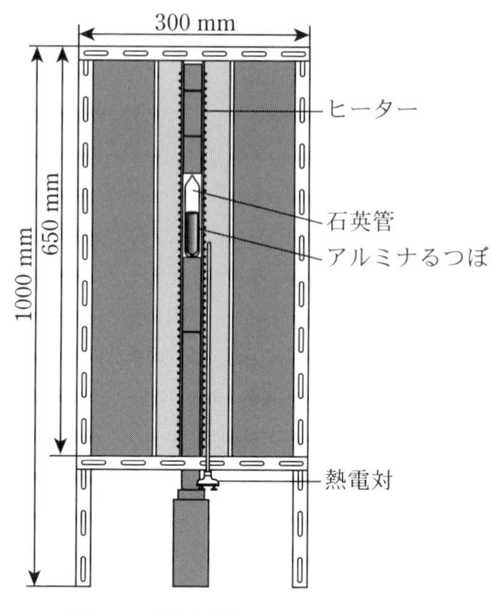

図 3.3　縦型電気炉.

はこだわらないフラックス法，および化学輸送法に使用できるので便利である．この種の電気炉は数年使用すると，ヒーター線は切れるもので，切れたらまた巻けばよい．熱電対も線材で購入し，先端部分を炎を細くしたガスバーナーかスポットウェルダーで接合して使用するとよいだろう．1600℃以下なら，白金・白金87%ロジウム13%（+側が$Pt_{87}Rh_{13}$で，−側がPt）熱電対，1200℃以下ならアルメル・クロメル（+側がアルメルのニッケルを主とした合金で，−側がクロメルのニッケル・クロムを主とした合金）熱電対を使用する．

後述するフラックス法などでるつぼの中のフラックスを取り除くために，るつぼの入った石英管を電気炉から取り出すことになる．フラックスがSn（融点T_m=232℃）などの低融点のときは，電気炉は300℃に設定されるので，炉の中を気にすることはない．しかし，Al（融点T_m=660℃）では炉は700℃に設定されるので，炉の中はややまぶしくしかも暑く，一瞬手をつっ込むことをちゅうちょする．電気炉の中は量子力学で学ぶ黒体放射（black body radiation）の場である．最初はにぶい赤色で，やがて鮮やかな赤色になり，さらに温度を上げるとまぶしい青白い色を放つようになる．電気炉のヒーターから放射される光のスペクトルと温度の関係は，シュテファン-ボルツマン（Stephan - Boltzmann）の放射法則やプランク（Planck）の放射法則である．朝永振一郎著『量子力学 I』（みすず書房）では，赤色の光の振動数 ν（$=c/\lambda$）$=3\times10^{10}$ cm·sec^{-1}/8×10^{-5} cm=0.4×10^{-5} sec^{-1} と，対応する温度が 1000℃（=1273 K）であるとして

$$h\nu=k_{\mathrm{B}}T \tag{3.1}$$

からプランク定数 $h=4\times10^{-28}$ erg/sec を概算している．実際の 6.62×10^{-29} erg/sec より 1 桁小さいが，電気炉を通して私たちは光はエネルギーの粒（光子）であるという量子力学の出発点を学ぶことになる[1]．なお，パイロメーター（pyrometer 放射温度計）は熱放射を検出して温度を測定する装置である．

参考文献

1）朝永振一郎：量子力学 I（第 2 版）（みすず書房，1969）．

第 4 章　単結晶育成

単結晶育成には，原材料の融点や蒸気圧（沸点）を考え，開放型でよいのか，それとも密封型にするかをまず選択する．単結晶育成にはおよそ 10 種類くらいの方法があるので，どの手法がよいかを考える．必ず 2 ～ 3 種類の方法があるので，それらを試みることになる．

4.1　各種の単結晶育成法

純良な化合物の単結晶を育成するには，不純物，格子欠陥，および組成（ストイキオメトリー，stoichiometry，化学量論比）からのずれの 3 つを制御しなければならない．最初の不純物は使用する原材料の純度に依存する．それ以外には目的とする化合物に対し，たとえ 2 元系であったとしても隣り合う化合物が不純物として混じることがしばしばである．さらには，原材料が結晶粒界に入り込んでいることもある．たとえば，Sn フラックス法である化合物を育成し，その電気抵抗を測定したとき，4 K 付近で抵抗がゼロ，もしくは急激な減少が見られたら，フラックスに使った Sn の超伝導（転移温度 T_{sc}=3.7 K）と思ってよいだろう．また，遷移金属，希土類，ウラン等のアクチノイドおよびその化合物はガスの貯蔵材料であり，たとえばアルゴンガス中の酸素や水素などのガスを吸蔵する．これらの不純物は純良単結晶育成には深刻な不純物である．

次の格子欠陥とストイキオメトリーからのずれの問題は本質的なものもあ

る．あるいは，単結晶育成の腕の見せどころとなる．これらは具体的な例を通してこれから触れたい．

さて，化合物の単結晶を育成するとき，その化合物の融体の蒸気圧が高いか低いかで第1章の図1.3に示すように開放型か密封型に分かれる．開放型には(1)チョクラルスキー法(引き上げ法)，(2)帯溶融法，(3)浮遊帯溶融法，(4)焼鈍法，(5)エレクトロトランスポート法(固相電解法)，(6)ウィスカー(ひげ状結晶)の育成法がある．一方, 密封型は封入型と言い換えてもよいが, 原材料またはあらかじめ反応させた多結晶の化合物はるつぼの中に封入される．密封型には，(7)フラックス法，(8)ブリッジマン法，(9)化学輸送(ケミカルトランスポート)法，(10)圧力合成などがある．以下化合物単結晶の育成例を示しながら，これらの育成法を説明する[1]．

4.2　チョクラルスキー法

金属化合物の融体の蒸気圧が低く，その化合物が状態図でいうコングルエント(congruent)な化合物，つまり“つき出た”相図の化合物のときはチョクラルスキー(Czochralski)法で単結晶を引き上げてみたい．包晶系の例のようにその組成で固相から液相にならないときはincongruentという．分解溶融のことである．congruentの日本語訳として一致溶融ともいうが，ここではコングルエントということにする．したがって，incongruentは“コングルエントでない”ということにする．

図4.1はU-Ptの相図である[2]．Ptの融点は高く1769℃，一方Uは1135℃で，UPt_3以外にコングルエントな化合物はない．また，PtとUも融点での蒸気圧は低いので，UPt_3はチョクラルスキー法にふさわしい化合物といえよう．一方，この相図の中で，UPt_5とUPt_2はそれぞれ包晶温度T_P=1460℃と1370℃であり，その温度以下の温度で，UPt_5ではUPt_5の組成よりUが少ない量で，UPt_2ではUが多い量で育成可能であろう．つまり，組成をずらしてのチョクラルスキー法での引き上げが可能と思われる．

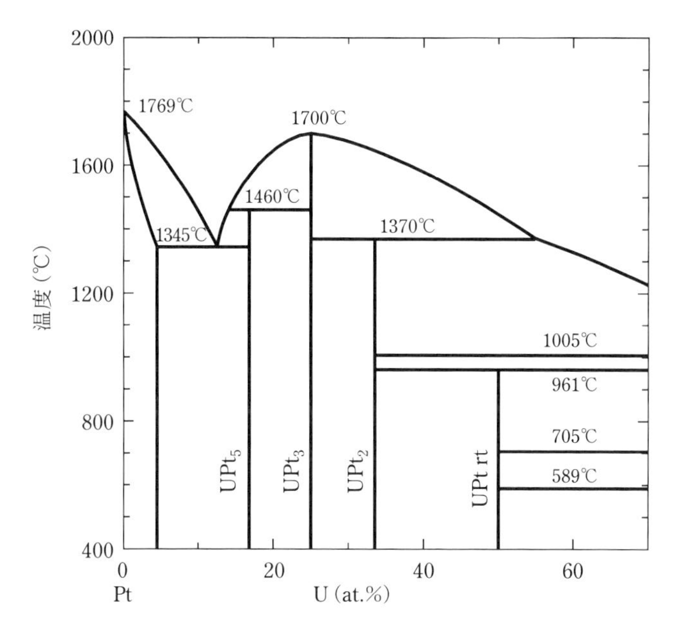

図4.1 コングルエントな UPt_3 とそうでない化合物を含む U-Pt 系 2 元状態図[2].

チョクラルスキー法の炉をここでは2つ紹介しよう．図 4.2 は高周波誘導加熱炉，略して高周波炉 (RF-furnance) の概略図である．たとえば，W のるつぼを用い，そのるつぼは高周波損失に基づき発熱体となり，るつぼの中の原材料を溶融する．もしもるつぼが金属でないボロンナイトライド (窒化ホウ素，boron nitride，略して BN) を使用するときは，BN るつぼの外側にグラファイト (黒鉛) の筒を発熱体として差し込めばよい．るつぼの周囲は 1000℃以下なら石英パイプ，1000℃以上なら高温に耐えるセラミック材を保温材としてセットする．その外側に高周波誘導のワーキングコイルがある．ワーキングコイルは外径 10 mm の水冷の銅パイプである．銅パイプは 5 ～ 6 ターンくらい巻かれ，大電流の高周波が流れるので，パイプの中には水を流す．ステンレス製の水冷チャンバーの中は，通常はアルゴンガスで満たされている．

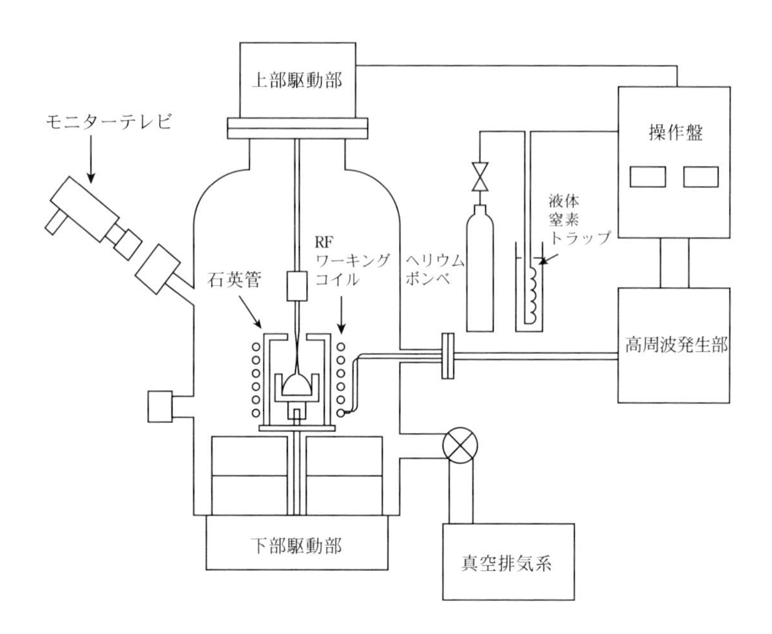

図 4.2　高周波炉.

高周波電流を流してWのるつぼを発熱させて，原材料の化合物の融体がつくられる．そこに種結晶を融体になじませ，回転しながら単結晶を成長させる．通常，回転速度は1分間に5回転 (5 rpm)，引き上げ速度 10 mm/hr である．種結晶は成長容易方向の単結晶であることが望ましいが，多結晶を用いても成長過程で直径1 ~ 2 mm ぐらいにネッキング (necking) することによって単結晶化を促せばよい．一番最初の種結晶はアーク溶解して切り出した多結晶体もしくはタングステン棒である.

ホットゾーンを形成する保温材の一部に，成長過程がモニターテレビを通して観察できるようにのぞき窓がある．そのことやワーキングコイルは螺旋状に巻かれていることなどによりるつぼの中心はかならずしも温度の中心ではない．したがって，種結晶を回転しないと曲がって成長する．温度分布を一様にしたり，融体中の組成を均一化させるためにも，回転しながら引き上げてゆくことは重要である．しかし，希土類化合物は一般に粘性が大きいの

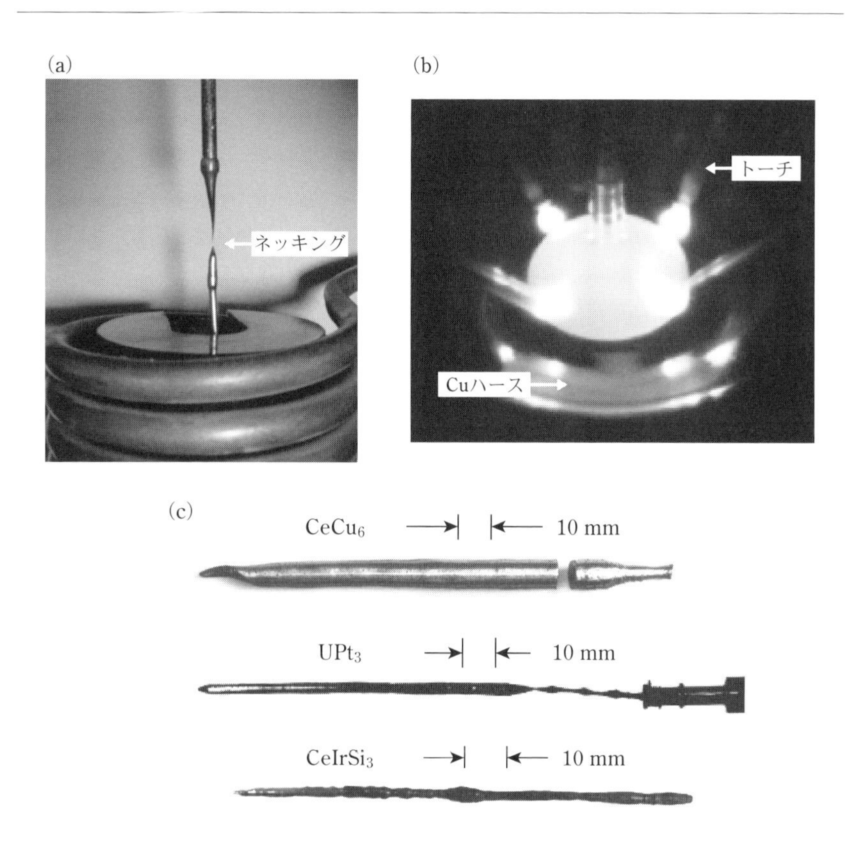

図 4.3 (a) 高周波炉と (b) テトラアーク炉の引き上げの内部，(c) 高周波炉で引き上げた $CeCu_6$，テトラアーク炉で引き上げた UPt_3 と $CeIrSi_3$ の単結晶インゴット．

で，回転すると引き上げ軸に垂直な成長面と次の成長面にずれが生じることがある．このような場合には，ある程度回転させながら成長させ，成長条件が整ったところで回転をやめて結晶を育成するのもよいだろう．

単結晶になるかならないか，単結晶であっても良質なものかどうかは，引き上げ速度やインゴットの直径などに依存する．図 4.3 (a) に高周波炉で $CeCu_6$ を引き上げている様子を示し，(c) にその単結晶のインゴットを示す．直径 10 mm ぐらいが適当な大きさである．ここで，引き上げはガス加圧下で行われる．不活性ガス中の O_2, N_2, H_2 などの不純物ガスや昇温とともに保温材から発生するガスはすべて融体の中に混入すると考えなければならない．$CeCu_6$ の場合は融点が 1000℃以下だったので保温材は石英ガラスにした．また，液体窒素トラップを導入して不純物ガスを容易に除去できるヘリウムガスを使用した．なお，この種の高周波炉は高圧下で行える炉になっていることが多い．ある程度蒸発があっても高圧ガス下では蒸発を抑えることができる．

もしも融体の蒸気圧が著しく低ければ，ガス雰囲気中より真空中で行った方がよい．図 4.4 はターボ分子ポンプを用いた高周波炉（到達真空度およそ 1.3×10^{-7} Pa=10^{-9} Torr，1.3×10^{2} Pa=1 Torr）である．ワーキングコイルは水冷ガラスチャンバーの外にセットされ，引き上げ軸の回転部分は O リングのかわりに磁気シールを用い，引き上げの上下の動きにはフレキシブルチューブを使用している．

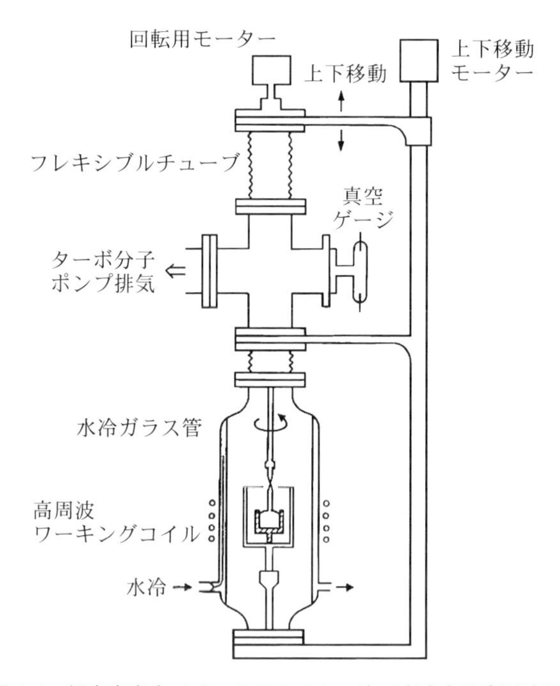

図 4.4　超高真空中でチョクラルスキー法で育成する高周波炉．

融体のるつぼとして，これまでWるつぼとBNるつぼが紹介された．BNるつぼはドリルを使った穴開け作業，旋盤での加工も容易である．その点Wは極めて加工が難しい．ステンレス鋼の加工で用いられるドリルや超硬バイトでも容易ではない．まず，あらかじめ1000℃くらいの高温で焼鈍し（アニール，annealing），ドリルもコンクリートドリルを用いるなど大変苦労が多い．良い点もあり，一度使用したWるつぼで，別の種類の単結晶育成に使用するとき，旋盤加工で前の化合物を削り取り，使用した温度で1時間くらいアニールすると，清浄なるつぼにまた生まれかわる．なお，W（融点3422℃，沸点5555℃）に次いで用いられるのがMo（融点2623℃，沸点4639℃）である．Moは，ステンレス鋼と同程度に容易に加工できる．後述するブリッジマン用のるつぼとしてもよく使われる．また，安価なグラファイトですむ場合もあるだろう．金属でないるつぼとしては，BN以外にアルミナ，マグネシア，ジルコニア，イットリアなどのセラミック素材もある．あるいは，シリコン（ケイ素 silicon，融点1414℃，沸点2355℃）のチョクラルスキー法の引き上げで，石英るつぼが使われたりする．

るつぼなしでの高周波炉を使った結晶成長法がある．銅製の水冷ハース（hearth）上で原材料を融体化し，結晶成長させる．ただし，水冷の銅製ハースをるつぼにすると，高周波は化合物に侵入できず，発熱化できない．そこで，ハースに割りを入れる．このような割りの入った銅製ハースをるつぼとしてチョクラルスキー法で単結晶を育成することも可能である．これをスカル（skull）法という．

次に水冷の銅製ハースを用いる別の方法として，図4.5にテトラアーク炉を示す．ハース上に原材料をセットし，四方からアークを飛ばして融体をつくり，その融体を一様にするため，かつ融体の温度分布を一様にするためハースを回転させる．種結晶もハースと同方向に回転してチョクラルスキー法で育成する．ただし，このテトラアーク炉での引き上げは上述の高周波炉に比べて難しい．一つは温度勾配が激しいことである．融体の底はハースで水冷され，上部はアーク溶解される．周囲には保温材がないので，温度が一

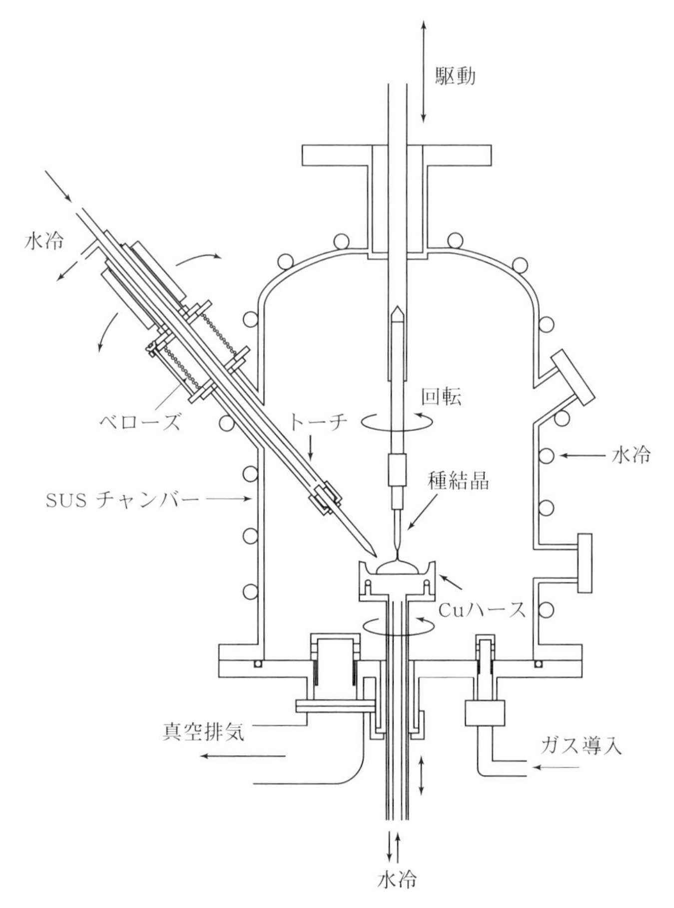

図 4.5　テトラアーク炉.

様でない．単結晶育成が進行すると，それに伴って融体の量が減り融体の温度が上昇する．したがって，たえずアークに流す電流を調整しなければならない．さらに融体の量が減ると，融体とWのアーク棒の距離が離れてゆくので，アーク棒をさし込むなどの作業がたえず必要である．一方，高周波炉ではWるつぼ，あるいはカーボンサセプターが発熱体なので，温度の調整はほとんどなくてすむ．以上のようなことから，ある程度引き上げて状況が整ったら，ハースと種結晶の回転はやめて，インゴットの直径は5 mm以下で 10 ～ 12 mm/hr で引き上げてゆけばよいだろう．テトラアーク溶解引き上げ炉の内部の様子が図 4.3 (b) に示され，引き上げた UPt_3 (融点 1700℃) の単結晶インゴットが図 4.3 (c) に示されている．

アーク溶解炉はゲッターが付属していることが多い．チタン (Ti) やジルコニウム (Zr) などをアーク炉で溶かし，アルゴンガス中の不純物ガスを吸蔵させることを目的にしている．このゲッターをうのみにしてはいけない．吸蔵していたガスを逆に放出することになる．ゲッターを使用するときはその材料をあらかじめ超高真空中でアニールする必要がある．遷移金属も吸蔵材料であるが，それ以上に希土類・アクチノイド金属はガスを吸蔵する．基本的に純度の良いアルゴンガスを使用することであろう．なお，アルゴンガスをヘリウムガスに変えるとアークは放電しない．

テトラアーク炉でのチョクラルスキー法での単結晶育成として高融点化合物の単結晶育成が可能である．たとえば，融点 2530℃の UC の純良単結晶の育成が可能である [3)]．一方，高周波炉を使ったチョクラルスキー法での使用最高温度は 1500 ～ 1600℃である．しかし，融点が 1500 ～ 2500℃の化合物のテトラアーク炉を使ったチョクラルスキー法による単結晶育成にはさまざまな困難が伴う．トーチの W が融体に混入するだろう．原材料単体での蒸気圧も 1500℃以下なら問題がなかったとしても，1500 ～ 2500℃では状況は異なる．図 4.3 (c) の融点 1700℃の UPt_3 の場合，蒸気圧が 1 Pa (7.5×10^{-3} Torr) になる温度は U (融点 T_m=1132℃，沸点 T_b=4131℃) で 2052℃，Pt (T_m=1768℃，T_b=3825℃) で 2057℃なので蒸気圧の問題はまったくなく，チョクラルスキー法が可能である，あるいは最適といってよいだろう [4)]．ところが，図 4.3 (c) の $CeIrSi_3$ の場合，融点ははっきりしないが，UPt_3 と同程度だとすると，Ce (T_m=795℃，T_b=3443℃)，Ir (T_m=2466℃，T_b=4428℃)，Si (T_m=1414℃，T_b=2355℃) での 1 Pa になる温度はそれぞれ，1719℃，2440℃，1635℃である．化合物になったときの各元素の蒸気圧は異なると思うが，Si が 3 つの単体の中で一番蒸発しやすい．さらに，$CeIrSi_3$ で一番やっかいなことは，この化合物がコングルエントでないことである．

コングルエントでない化合物の単結晶育成について述べよう．つまり，$CeIrSi_3$ は図4.1のU-Pt系2元状態図の UPt_5 と UPt_2 に相当すると思われる．つまり，図2.8(b)のような状態図を想定した．このようなとき，たとえば $CeIrSi_{3.5}$ とSiを多めに原材料を準備するのも一つの方法である．化合物の融点を下げられること，3元素化合物でSiの量が多い方向に向かうと他の化合物から遠ざかること，またSiの蒸発なども考慮する必要があろう．このような方法で残留抵抗値 ρ_0=0.71 μΩ·cm，残留抵抗比RRR (residual resistivity ratio，ρ_{RT}/ρ_0；ρ_{RT}：室温での抵抗値）が200の純良単結晶が得られている[5)]．なお，コングルエントな化合物の UPt_3 では ρ_0=0.19 μΩ·cm，RRR=650で[4)]，コングルエントでない UPt_5 でも $U_{0.135}Pt_{0.865}$ あるいは $UPt_{6.4}$ で原材料を準備し，ρ_0=0.36 μΩ·cm，RRR=250の純良単結晶が得られている[6)]．その他，$CeRu_2$ に対し $CeRu_{1.8}$[7)]，USi_3 に対し $USi_{4.6}$[8)] などと包晶系のコングルエントでない化合物も，原材料の組成をずらしてチョクラルスキー法で純良単結晶が得られている．チョクラルスキー法での腕の見せどころである．

この節の最後に単結晶試料の良し悪しを判定する残留抵抗値 ρ_0 と残留抵抗比RRR (=ρ_{RT}/ρ_0)，および磁性について述べる．銅などの電気抵抗は，温度変化しない試料中の不純物や格子欠陥による伝導電子の散乱による抵抗 ρ_0 と，温度に依存する格子振動による散乱の抵抗 ρ_{ph} の和で与えられる．

$$\rho(T)=\rho_0+\rho_{ph}(T) \tag{4.1}$$

全抵抗は異なる散乱機構によるそれぞれの抵抗の和であるという考えは，マティーセンの法則 (Mattiessen's law) と呼ばれている．たとえば銅の電気抵抗の温度依存性は，デバイ温度 θ_D=344 Kとしたグリューナイゼンの式 (Grüneisen's formula) で説明される．グリューナイゼンの式は簡単化すると

$$\rho_{ph}\sim T \quad (T \gtrsim \theta_D/2) \tag{4.2}$$

$$\rho_{ph}\sim T^5 \quad (T \ll \theta_D) \tag{4.3}$$

である．図4.6にWるつぼを用いた高周波炉でのチョクラルスキー法で育成

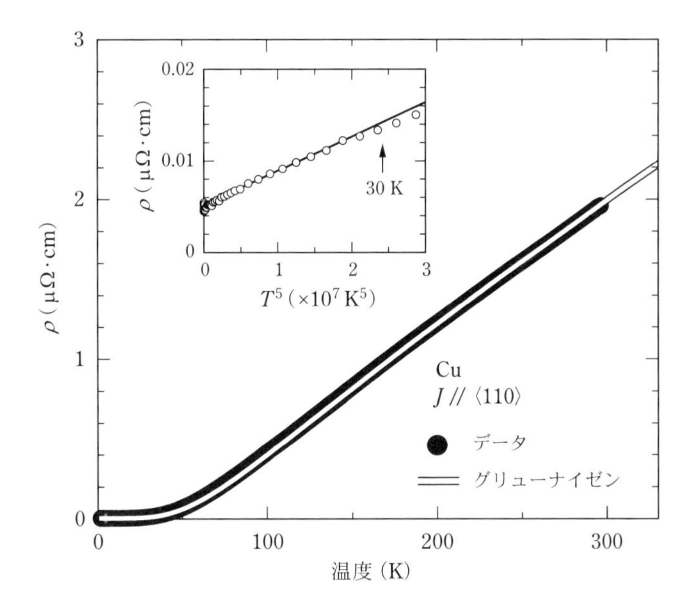

図 4.6 W るつぼを用いた高周波炉のチョクラルスキー法で育成した Cu 単結晶の電気抵抗 ρ の温度依存．挿図は低温での T^5 プロットである．

した銅の単結晶試料の電気抵抗 ρ の温度依存性を示す．つまり約 150 K 以上で $\rho_{\mathrm{ph}} \sim T$ であり，20 ~ 30 K 以下で $\rho_{\mathrm{ph}} \sim T^5$ 依存性を示す．$\rho_0 = 0.005\ \mu\Omega\cdot\mathrm{cm}$ が小さいとして，$\mathrm{RRR} = \rho_{\mathrm{RT}}/\rho_0 = [\rho_{\mathrm{ph}}(300\mathrm{K}) + \rho_0]/\rho_0 \fallingdotseq \rho_{\mathrm{ph}}(300\mathrm{K})/\rho_0 = 400$ となる．$\rho_{\mathrm{ph}}(T)$ は試料依存性はないと考えられるので残留抵抗値 ρ_0 が小さいほど RRR は大きくなり試料の良し悪しの判断になることが理解されるだろう．

磁性体になると，伝導電子はスピンを持っているので磁気スピンと散乱し，その電気抵抗 ρ_{mag} が加わる．また，低温で伝導電子間の散乱 $\rho_{\mathrm{e\text{-}e}}$ も加算されて

$$\rho(T) = \rho_0 + \rho_{\mathrm{ph}}(T) + \rho_{\mathrm{mag}}(T) + \rho_{\mathrm{e\text{-}e}}(T) \tag{4.4}$$

となる．ρ_{mag} は磁性体が遷移金属化合物か希土類（ランタノイド）・アクチノイド化合物かによって異なる．磁性を担う原子（イオン）は主として次の 3

グループの元素であり，その電子配置は

遷移金属　[Ar 殻] $3d^n4s^2$　($n=0, 1, \cdots, 10$)
ランタノイド [Kr 殻] $4d^{10}4f^n5s^25p^65d^16s^2$ または [Xe 殻] $4f^n5d^16s^2$
($n=0, 1, \cdots, 14$)
アクチノイド [Xe 殻] $4f^{14}5d^{10}5f^n6s^26p^66d^17s^2$ または [Rn 殻] $5f^n6d^17s^2$
($n=0, 1, \cdots, 14$)

である．遷移金属化合物の $3d$ 電子は磁性も担うが結晶中を動き回る伝導電子となる．その伝導電子は Na 金属の s 電子や Al の sp 電子と異なり，電子間には強い相互作用がはたらき，↑スピンと↓スピンに数の差が生まれる．↑スピンが多数派 (majority) で↓スピンが少数派 (minority) となる．つまり，↑スピンと↓スピンで状態密度が異なってくる．$3d$ 電子系の磁気モーメントは↑スピンと↓スピンの状態密度の差で生まれる．Fe の磁性を考えるとき，伝導電子は主として Fe の $3d$ 電子であり，同時にある大きさの磁気モーメント (スピン) を各 Fe 原子は持っていると考えてよいだろう．

ここで遍歴する電子の磁性について，出発点にもどって説明する．伝導電子の波動関数は結晶全体に広がったブロッホ状態である．したがって，伝導電子の基本的性質を理解するには波数 $\boldsymbol{k}$ 空間で考えるのがよい．その最も簡単な例は自由電子である．図 4.7 (a) に示すような 1 辺 L の立方体の中を自由に運動している N 個の電子を考えよう．図 1.5 (c) に示す格子定数 a の単純立方格子とする．そのシュレディンガー方程式 $\psi(\boldsymbol{r})$ は

$$\left[-\frac{\hbar^2}{2m}\nabla^2+V(\boldsymbol{r})\right]\psi(\boldsymbol{r})=\varepsilon\psi(\boldsymbol{r}) \tag{4.5}$$

で与えられる．ここで，位置ベクトル $\boldsymbol{r}=(x, y, z)$，波数ベクトルを $\boldsymbol{k}=(k_x, k_y, k_z)$ としてポテンシャル $V(\boldsymbol{r})$ はゼロと仮定する．

$$\nabla^2=\frac{\partial^2}{\partial x^2}+\frac{\partial^2}{\partial y^2}+\frac{\partial^2}{\partial z^2} \tag{4.6}$$

なので

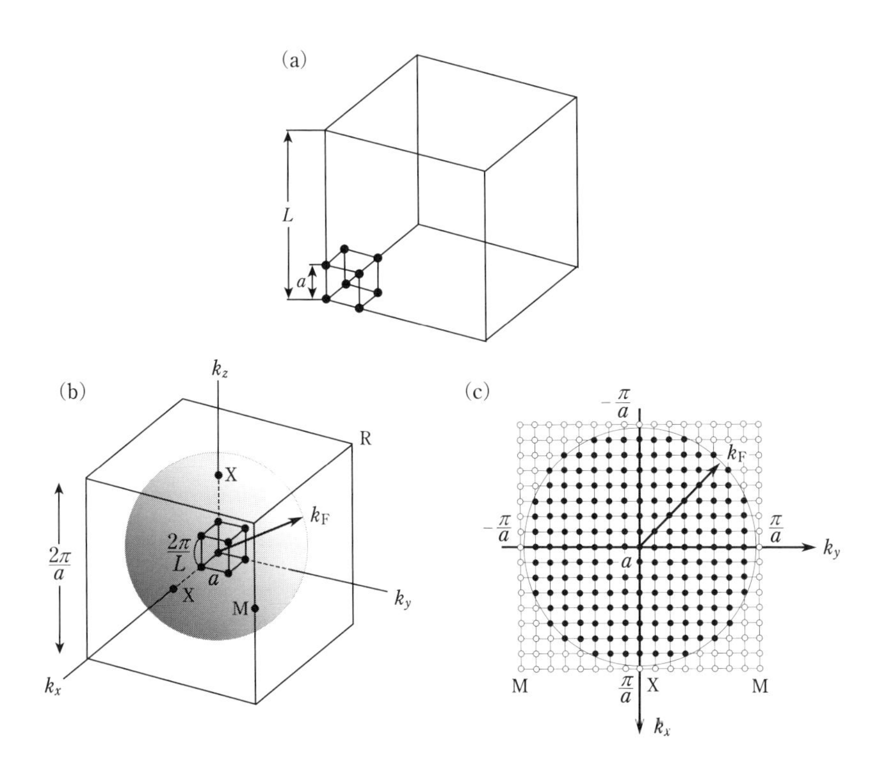

図 4.7 (a) 長さ L の単純立方晶の結晶，(b) その球状フェルミ面と (c) $k_z=0$ でのフェルミ面の断面．

$$\psi(\boldsymbol{r})=\frac{1}{L^{3/2}}e^{i\boldsymbol{k}\cdot\boldsymbol{r}} \tag{4.7}$$

$$\varepsilon=\frac{\hbar^2\boldsymbol{k}^2}{2m}-\frac{\hbar^2}{2m}(k_x^2+k_y^2+k_z^2) \tag{4.8}$$

を得る．この状態での電子は運動量 $\boldsymbol{p}=\hbar\boldsymbol{k}$ を持つ．波動関数は便宜的に長さ L に関して周期的であるとして，

$$\psi(x+L,\ y,\ z)=\psi(x,\ y,\ z),\quad \psi(x,\ y+L,\ z)=\psi(x,\ y,\ z)$$
$$\psi(x,\ y,\ z+L)=\psi(x,\ y,\ z) \tag{4.9}$$

とするならば，波数ベクトルは

$$k_x=\frac{2\pi}{L}n_x,\quad k_y=\frac{2\pi}{L}n_y,\quad k_z=\frac{2\pi}{L}n_z \tag{4.10}$$

$$n_x,\ n_y,\ n_z=0,\ \pm1,\ \pm2,\ \cdots \tag{4.11}$$

の値をとる．N 個の電子の基底状態は各 $\boldsymbol{k}$ の状態にエネルギーの低いものから順にスピンの自由度を含めて2個ずつ電子を詰めた状態でそれは図4.7 (b) と (c) になる．1つのエネルギー状態は4.7 (b) に示すように $\boldsymbol{k}$ 空間で $(2\pi/L)^3$ の体積に相当するので

$$\frac{2\times\left(\frac{4}{3}\pi k_{\mathrm{F}}^3\right)}{\left(\frac{2\pi}{L}\right)^3}=N,\ \text{すなわち}\ \frac{1}{3\pi^2}k_{\mathrm{F}}^3=\frac{N}{L^3} \tag{4.12}$$

で与えられる．フェルミ波数 $\boldsymbol{k}_{\mathrm{F}}$ を半径とする球内は電子によって占められ，その外側は空になっている．この $\boldsymbol{k}$ 空間における球をフェルミ球といい，その表面をフェルミ面 (Fermi surface) という．フェルミ面の大きさは電子の密度 $N/L^3=n$ のみで決まっている．フェルミ面上の電子がもつエネルギーがフェルミエネルギーであり，$\varepsilon_{\mathrm{F}}=(\hbar^2k_{\mathrm{F}}^2)/2m^*$である．フェルミエネルギーに対応した温度をフェルミ温度 $T_{\mathrm{F}}(k_{\mathrm{B}}T_{\mathrm{F}}=\varepsilon_{\mathrm{F}})$ という．たとえば，格子定数 a (=4 Å) とし，各原子が1個の伝導電子を放出すると考えると長さ L (=1 cm) の立方体の伝導電子数は $n=1/a^3=1.6\times10^{22}\ \mathrm{cm}^{-3}$ となり，$\varepsilon_{\mathrm{F}}=2.3$ eV, $T_{\mathrm{F}}=27000$ K でフェルミ速度 $v_{\mathrm{F}}(=\hbar k_{\mathrm{F}}/m^*=\sqrt{2\varepsilon_{\mathrm{F}}/m^*})=9.0\times10^7$ cm/s となる．ここで，伝導電子の質量 m^* は電子の静止質量 m_0 と仮定した．自由電子はあらゆる方向におよそ 10^8 cm/s で結晶中を動いていることになる．

ここで，図4.7 (b) の $2\pi/a$ のわくであるが，これを第一ブリルアンゾーン (Brillouin zone) と呼んでいて，電子のブラッグ反射 (Bragg reflection) に起源を持つ．電子を波長 λ (=$2\pi/k$) のド・ブロイ波 (de Broglie wave) とすると，ブラッグ反射は

$$n\frac{\lambda}{2}=a \quad (n：整数) \tag{4.13}$$

となる．k_x 方向は$k_x=\frac{\pi}{a}n$，同様に$k_y=\frac{\pi}{a}n$，$k_z=\frac{\pi}{a}n$となる．$n=\pm 1$が第一ブリルアンゾーンである．これは波動関数$e^{i\frac{\pi}{a}x}$の進行波と$e^{-i\frac{\pi}{a}x}$の反射波の和である定在波になるためである．y方向，z方向も同様である．定在波は格子定数aの結晶の周期性に由来するブラッグ反射による．結晶構造が単純立方晶でなくなると，たとえばz軸方向が格子定数cの正方晶であるとすると，単純には第一ブリルアンゾーンは

$$k_x=\pm\frac{\pi}{a},\quad k_y=\pm\frac{\pi}{a},\quad k_z=\pm\frac{\pi}{c} \tag{4.14}$$

で囲まれたk空間となるだろう．結晶構造を考えるということは，$V(\boldsymbol{r})\neq 0$を意味する．したがって，結晶構造を反映したブリルアンゾーンになり，フェルミ面も球状からずれた形をとる．

次に自由電子にもどって状態密度 (density of states) $D(\varepsilon)$ を定義しよう．半径kのフェルミ球の中の状態の数Ωと状態密度$D(\varepsilon)=d\Omega/d\varepsilon$は次式で表される．

$$\Omega=\frac{\frac{4}{3}\pi k^3}{\left(\frac{2\pi}{L}\right)^3}=\frac{V}{6\pi}\left(\frac{2m\varepsilon}{\hbar^2}\right)^{3/2} \tag{4.15}$$

$$D(\varepsilon)=\frac{d\Omega}{d\varepsilon}=\frac{V}{4\pi^2}\left(\frac{2m}{\hbar^2}\right)^{3/2}\varepsilon^{1/2} \tag{4.16}$$

ここで，

$$V=L^3,\quad \varepsilon=\frac{\hbar^2k^2}{2m} \tag{4.17}$$

電子比熱係数 (electronic specific heat coeffcient) γは比熱Cを測定して実験的に求めることができる．γは式の導出を省略するが，フェルミエネルギーでの状態密度$D(\varepsilon_{\mathrm{F}})$と次式で結びついている．

$$\gamma = \frac{2\pi^2}{3} k_B^2 D(\varepsilon_F) \tag{4.18}$$

ここで上式の $D(\varepsilon)$ には電子の↑と↓のスピンの自由度の“2”が含まれていないことに注意されたい．

まず，パウリの常磁性について説明する．↑スピンの自由電子1個の磁気モーメントは $\boldsymbol{\mu}=-g\mu_B\boldsymbol{S}$，すなわち $H/\!/z$ では，$\mu_z=-\mu_B$ で与えられる．ここで $g=2$ で $S_z=\pm\frac{1}{2}$ である．↓では $\mu_z=+\mu_B$ である．これに対応するゼーマンエネルギーは，↑に対して $H_z=-\boldsymbol{\mu}\cdot\boldsymbol{H}=+\mu_B H$，↓に対して $-\mu_B H$ となる．同様にして，↑スピンの運動エネルギー $\varepsilon_\uparrow$ と状態密度 $D_\uparrow$，および↓スピンの $\varepsilon_\downarrow$ と $D_\downarrow$ はそれぞれ次式で与えられる．

$$\varepsilon_\uparrow = \varepsilon(k) + \mu_B H,\quad D_\uparrow = D(\varepsilon - \mu_B H) \tag{4.19}$$

$$\varepsilon_\downarrow = \varepsilon(k) - \mu_B H,\quad D_\downarrow = D(\varepsilon + \mu_B H) \tag{4.20}$$

外部から磁場 H を加えないときの状態密度は↑と↓スピンで図4.8(a)に示すように等しい．しかし，磁場を加えると図4.8(b)に示すように，(4.20)式の↓スピンの状態密度は大きくなる．その数 n_+ は多数派スピン状態 (majority spin state) となる．しかも，磁気モーメントは磁場方向を向いている．図4.8(b)の↑は本当は↓スピンであるが，磁性ではこれを↑スピンと改めて呼ぶ

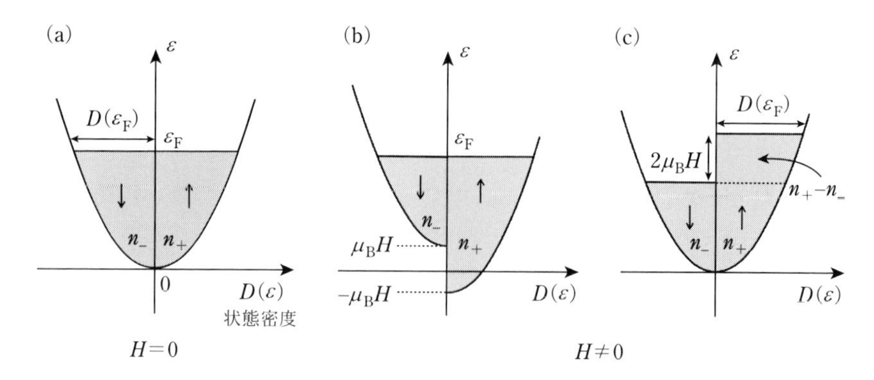

図4.8　金属におけるパウリ常磁性．

ことにする．n_+ とした理由がここにある．一方，(4.19) 式の↑スピンの磁気モーメントは磁場方向とは逆向きで状態の数 n_- は少なくなるので少数派スピン状態 (minority spin state) であり，これを↓スピンと呼び

$$n_+ = \int_{-\mu_B H}^{\varepsilon_F} D(\varepsilon + \mu_B H) n(\varepsilon) d(\varepsilon) \simeq \int_0^{\varepsilon_F} D(\varepsilon) n(\varepsilon) d\varepsilon + \mu_B H D(\varepsilon_F) \quad (4.21)$$

$$n_- = \int_{\mu_B H}^{\varepsilon_F} D(\varepsilon - \mu_B H) n(\varepsilon) d(\varepsilon) \simeq \int_0^{\varepsilon_F} D(\varepsilon) n(\varepsilon) d\varepsilon - \mu_B H D(\varepsilon_F) \quad (4.22)$$

$$n(\varepsilon) = \frac{1}{e^{(\varepsilon - \varepsilon_F)/k_B T} + 1} \quad (4.23)$$

で与えられる．$n(\varepsilon)$ はフェルミ-ディラック (Fermi-Dirac) 分布関数である．磁化 M は図 4.8 (c) から

$$M = (n_+ - n_-)\mu_B = 2\mu_B^2 D(\varepsilon_F) H$$

となりパウリ磁化率は

$$\chi_P = \frac{M}{H} = 2\mu_B^2 D(\varepsilon_F) \quad (4.24)$$

となる．この大きさを見積もると，H=10 kOe (=1 T) の磁場を加えると，ゼーマンエネルギー $\mu_B H$ は温度に換算して 0.67 K となる．一方，フェルミエネルギーは約 10^4 K なので，1 個の電子は 1 μ_B の磁気モーメントを持つが，エネルギーバンドを形成したときには 10^{-4} μ_B 程度の小さな磁気モーメントしか持たないことになる．

ところが遍歴する 3*d* 電子はその状態密度が大きいこと，3*d* 電子間の磁気交換相互作用により，↑スピンの状態密度は図 4.9 に示すように $-\Delta$ シフトし，↓スピンは $+\Delta$ シフトする．この状態密度の違いにより，大きな磁気モーメントを生むことになる．たとえば，↑スピンの状態密度あるいはバンドは 4.25 個の 3*d* の磁性原子が占め，↓スピンは 2.75 個のとき，磁性原子当たり 1.5 μ_B の磁気モーメントが生まれることになる．後に示す表 4.1 の遷移金属 3*d* 電子の磁気モーメントはスピン角運動量 $\boldsymbol{S}$ が目安であり，簡単には

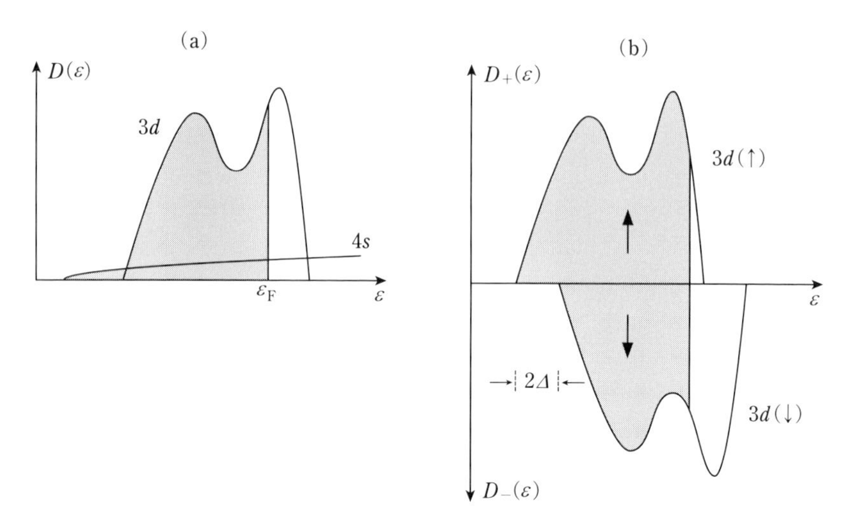

図 4.9 (a) $3d$- 遷移金属の常磁性状態での状態密度と (b) 強磁性状態での↑と↓スピンの状態密度.

$2S$ であるが, 遍歴する $3d$ 電子の磁気モーメントはこの値よりさらに小さい.

一方, 希土類化合物の $4f$ 電子系は $3d$ 電子系とまったく異なり, $5s^2 5p^6$ の閉殻電子に遮蔽(しゃへい)されているので, 完全に局在していると考えてよい. そのため, スピン角運動量 $\boldsymbol{S}$ と軌道角運動量 $\boldsymbol{L}$ の和である全角運動量 $\boldsymbol{J}$ が磁気モーメントとなる. つまり, 各原子は $g_J \boldsymbol{J}$ (g_J：ランデの g 因子) の磁気モーメントを持つ. ただし, 結晶場効果や磁気相互作用で $g_J \boldsymbol{J}$ より小さくなることもある. このときの磁気相互作用は, 伝導電子のスピン $\boldsymbol{s}$ と局在 $4f$ 電子のスピン $\boldsymbol{S}$ との相互作用

$$\mathcal{H}_{\rm cf} = -2J_{\rm cf}\, \boldsymbol{s} \cdot \boldsymbol{S} \tag{4.25}$$

である. この相互作用により伝導電子のスピン偏極が隣のスピンに磁気的な相互作用をおよぼす RKKY (Ruderman–Kittel–糟谷–芳田) 相互作用となる. つまり, 希土類スピン $\boldsymbol{S}_i$ と $\boldsymbol{S}_j$ には

$$-J(2k_F R_{ij})\, \boldsymbol{S}_i \cdot \boldsymbol{S}_j \tag{4.26}$$

に比例する相互作用がはたらく．ここで k_F はフェルミ波数，R_{ij} はスピン $\boldsymbol{S}_i$ と $\boldsymbol{S}_j$ の間の距離である．$J(2k_F R_{ij}) = J(x)$ とすると，

$$J(x) \sim \frac{-x\cos x + \sin x}{x^4} \tag{4.27}$$

はフリーデル (Friedel) 振動と呼ばれ，サイン波的に符号も強磁性的な + になったり，− の反強磁性になったりして変化するので，希土類化合物の磁性には強磁性，反強磁性，ヘリカル磁性などいろいろなスピン構造が現れる．交換相互作用はスピン $\boldsymbol{S}$ に関係していたが，よい量子数は $\boldsymbol{J}$ なので $\boldsymbol{S}$ を $\boldsymbol{J}$ で表現すると $(g_J-1)\boldsymbol{J}$ となる．磁気秩序温度は，$\boldsymbol{S}_i \cdot \boldsymbol{S}_j$ からドゥ・ジャン (de Gennes) 係数 $\boldsymbol{S}^2 = (g_J-1)^2 J(J+1)$ に依存し，Gd で最大値をとる．

表 4.1 と表 4.2 に，3*d* 遷移金属イオンと 4*f* 希土類イオンの電子状態をそれぞれ示す．たとえば，3*d* 遷移金属イオンの有効ボーア磁子数 μ_{eff} (effective Bohr magneton, effective magnetic moment) は多くの場合スピン磁気モーメントのみの寄与 (L=0, g_J=2) に近く，$2\sqrt{S(S+1)}$ で表される．ただし，金属磁性ではこの値からもずれる．一方，希土類イオンでは $g_J\sqrt{J(J+1)}$ である．希土類化合物の磁気モーメントは $\mu_{\mathrm{eff}} = g_J\sqrt{J(J+1)}$ でよいが，磁気秩序を起こしたときの磁気モーメント (ordered moment) は $g_J J$ とは限らない．図 4-10 に示すように，Ce^{3+} の陽イオンをとり囲む陰イオンの配位，すなわち結晶場 (crystalline electric field) によって 4*f* 準位は分裂する．分裂の大きさは 50 ～ 500 K である．たとえば RCu_2Si_2 (R：希土類) は R によらず分裂の幅はおおよそ 200 K である．Ce^{3+} の場合，3 つに分裂したすべての準位が関与して磁気秩序が起こるなら $g_J J$ が磁気モーメントの大きさになるが，準位が一番下の基底準位のみで磁気秩序するならこれより小さくなる．なお立方晶では 2 重と 4 重に結晶場で分裂し，普通は 2 重縮退が基底状態になる．しかし，CeAg とか CeB_6 のように 2 重縮退ではなく，4 重縮退が基底状態になると，磁気秩序ではなく四極子秩序 (quadrupole ordering) とか八極子秩序 (octapole

表 4.1　$3d$ 遷移金属イオンの電子状態.

イオン	基底状態	電子数	m_l					S	L	J	g_J	μ_{eff}	
			2	1	0	−1	−2					$g_J\sqrt{J(J+1)}$	$2\sqrt{S(S+1)}$
$Ti^{3+}V^{4+}$	$^2D_{3/2}$	1	↑					1/2	2	3/2	4/5	1.55	1.73
V^{3+}	$^3F_2$	2	↑	↑				1	3	2	2/3	1.63	2.83
$V^{2+}Cr^{3+}Mn^{4+}$	$^4F_{3/2}$	3	↑	↑	↑			3/2	3	3/2	2/5	0.77	3.87
$Cr^{2+}Mn^{3+}$	$^5D_0$	4	↑	↑	↑	↑		2	2	0	—	0	4.90
$Mn^{2+}Fe^{3+}$	$^6S_{5/2}$	5	↑	↑	↑	↑	↑	5/2	0	5/2	2	5.92	5.92
Fe^{2+}	$^5D_4$	6	↑↓	↑	↑	↑	↑	2	2	4	3/2	6.70	4.90
Co^{2+}	$^4F_{9/2}$	7	↑↓	↑↓	↑	↑	↑	3/2	3	9/2	4/3	6.54	3.87
Ni^{2+}	$^3F_4$	8	↑↓	↑↓	↑↓	↑	↑	1	3	4	5/4	5.59	2.83
Cu^{2+}	$^2D_{5/2}$	9	↑↓	↑↓	↑↓	↑↓	↑	1/2	2	5/2	6/5	3.55	1.73

表 4.2　$4f$ 希土類イオンの電子状態.

イオン	基底状態	電子数	m_j							S	L	J	g_J	$g_J J$	μ_{eff}
			3	2	1	0	−1	−2	−3						$g_J\sqrt{J(J+1)}$
Ce^{3+}	$^2F_{5/2}$	1	↑							1/2	3	5/2	6/7	2.14	2.54
Pr^{3+}	$^3H_4$	2	↑	↑						1	5	4	4/5	3.2	3.58
Nd^{3+}	$^4I_{9/2}$	3	↑	↑	↑					3/2	6	9/2	8/11	3.27	3.62
Pm^{3+}	$^5I_4$	4	↑	↑	↑	↑				2	6	4	3/5	2.4	2.68
Sm^{3+}	$^6H_{5/2}$	5	↑	↑	↑	↑	↑			5/2	5	5/2	2/7	0.71	0.85
Eu^{3+}	$^7F_0$	6	↑	↑	↑	↑	↑	↑		3	3	0	—	0	0
Gd^{3+}	$^8S_{7/2}$	7	↑	↑	↑	↑	↑	↑	↑	7/2	0	7/2	2	7	7.94
Tb^{3+}	$^7F_6$	8	↑↓	↑	↑	↑	↑	↑	↑	3	3	6	3/2	9	9.72
Dy^{3+}	$^6H_{15/2}$	9	↑↓	↑↓	↑	↑	↑	↑	↑	5/2	5	15/2	4/3	10	10.65
Ho^{3+}	$^5I_8$	10	↑↓	↑↓	↑↓	↑	↑	↑	↑	2	6	8	5/4	10	10.61
Er^{3+}	$^4I_{15/2}$	11	↑↓	↑↓	↑↓	↑↓	↑	↑	↑	3/2	6	15/2	6/5	9	9.58
Tm^{3+}	$^3H_6$	12	↑↓	↑↓	↑↓	↑↓	↑↓	↑	↑	1	5	6	7/6	7	7.56
Yb^{3+}	$^2F_{7/2}$	13	↑↓	↑↓	↑↓	↑↓	↑↓	↑↓	↑	1/2	3	7/2	8/7	4	4.54

ordering) が起こる.

遷移金属では $\mathcal{H}_{\mathrm{cf}}$ は $\mathcal{H}_{\mathrm{sd}}$ と書き sd 相互作用と呼ぶ. その典型例は Cu や Au の中に微量の Fe などの磁性不純物が混入したときの $-\log T$ で増大する電気抵抗の現象である. Cu や Au の s 電子の伝導電子が Fe の局在 $3d$ 電子によって散乱されるこの現象は近藤効果 (Kondo effect) と呼ばれ, 近藤が理論的に解明した [9]. この散乱が, 伝導電子のフェルミ統計を通して多体問題になる

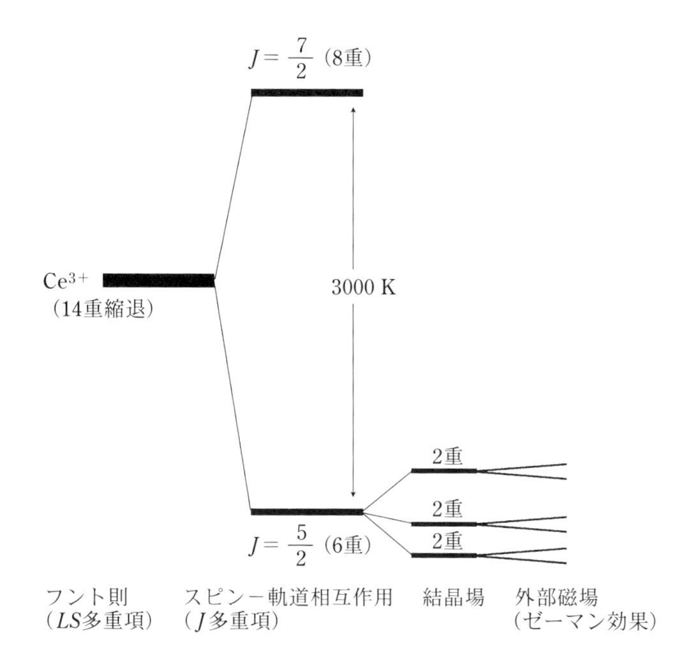

図 4.10 Ce^{3+} の $4f$ エネルギー準位．$4f$ 電子はフント (Hund) 則に従ってスピン磁気モーメント $S=1/2$，軌道磁気モーメント $L=3$ の 14 重に縮退した LS 多重項を占有し，スピン–軌道相互作用で基底状態の $J=5/2$ (6 重縮退) と励起状態の $J=7/2$ (8 重縮退) の J 多重項に分裂し，結晶場で 6 重縮退は 3 つの 2 重縮退に分裂する．外部磁場を加えるとこれらの 2 重縮退はゼーマン (Zeeman) 効果でさらに分裂する．

ことに本質がある．ここでは，図 4.11 に示した $Ce_xLa_{1-x}Cu_6$ の電気抵抗を通して説明しよう [10]．Ce 濃度 $x=0.094$ の電気抵抗は 25 K で抵抗極少が見られ，降温とともに抵抗は $-\log T$ で増大する．この現象が近藤効果である．さらに低温では一定値になっている．これは Ce の局在スピン ↑ (l) が伝導電子スピン ↓ (c) により遮蔽され，一重項束縛状態 ↑ (l) ↓ (c) あるいは ↓ (l) ↑ (c) が形成されることを意味する．l は localized spin の l で，c は conduction electron の c である．これを芳田理論 (Yosida theory) と呼ぶ [11]．濃度 x の増大とともに残留抵抗値は増大し，$x=0.50$ で最大値となり，さらに x が増すと減少する．$x=1$ の $CeCu_6$ では伝導電子と $4f$ 電子が一体となって有効質量の大きな遍歴

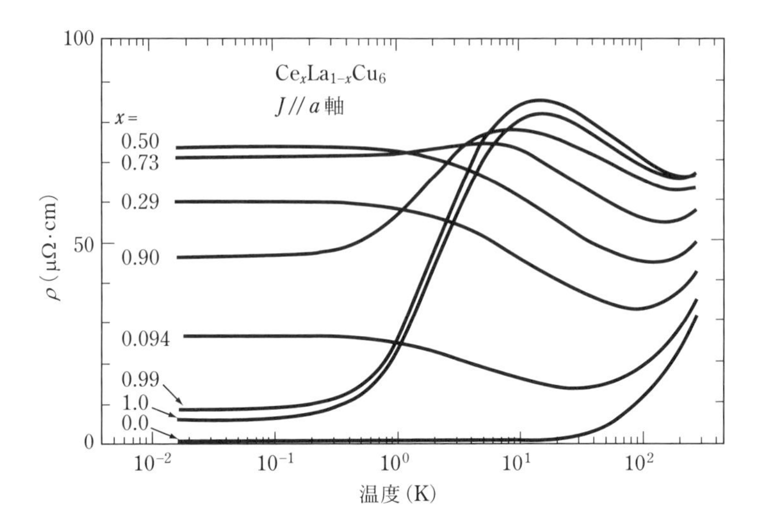

図 4.11　$Ce_xLa_{1-x}Cu_6$ の電気抵抗の温度依存性[10]．

電子系となる．これを重い電子系（heavy electrons，heavy fermions）という．これは（4.4）式の ρ_{mag} が ρ_{e-e} と一緒になって新たな $\rho=\rho_0+AT^2$ を示すことを意味する．こういう相互作用をする伝導電子系のことをランダウ（Landau）は準粒子（quasiparticles）と呼んだ．ランダウの準粒子を改めて重い電子系と呼んでいる．ランダウのフェルミ液体（Fermi liquid）論では上述の $\sqrt{A}$ は低温での磁化率 $\chi(0)$，あるいは電子比熱係数 γ と比例関係にある，つまり，$\gamma \sim \chi(0) \sim \sqrt{A}$ の関係が成り立つ[12-14]．銅単体では γ=0.7 mJ/（K^2·mol）であるが，$CeCu_6$ の場合 γ=1600 mJ/（K^2·mol）なので A 値も桁違いに大きいことになる．

4.3　帯溶融法

2.2 節の全率固溶系の状態図の説明の中で，帯溶融（zone melting）法について触れた．帯溶融法とはあらかじめ何らかの方法で作った細長い金属化合物の多結晶インゴット（原料棒）の一部を，高周波，電子ビーム，赤外線，抵抗加熱線，あるいは前述のアークなどにより溶解し，その溶解部分を移動さ

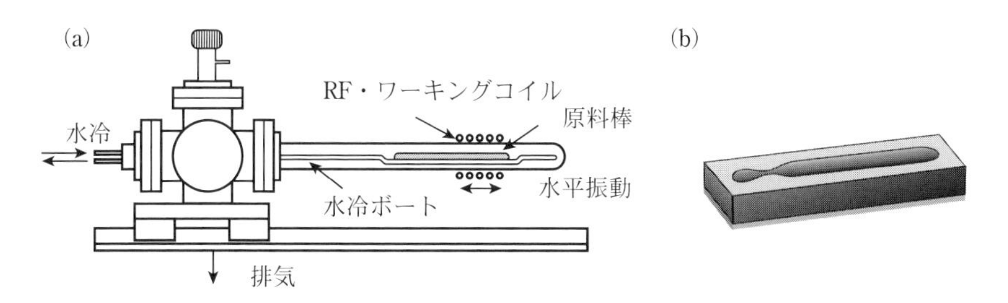

図 4.12 (a) 超高真空下での高周波炉のワーキングコイルを使った帯溶融単結晶育成法.
(b) グラファイトのつるぼ.

せながら単結晶化させる方法である．インゴット棒を水平にセットするか，垂直にセットするか，あるいはインゴット棒を移動させるか，それとも加熱部の方を移動させるかによって，装置のデザインや呼称が異なってくる．

図 4.12 (a) は直径 4 mm の銅パイプを並べて作ったボート状の水平ハースの上に，インゴット棒を水平にセットした高周波誘導加熱方式の帯溶融炉である．銅パイプを並べることにより，パイプとパイプのすき間を高周波が通過するのでインゴットが加熱される．この例では，加熱のワーキングコイルは固定され，インゴットがセットされたハースが移動する．ワーキングコイルを移動させる方が普通かもしれない．ターボ分子ポンプを使用して，10^{-7} Pa の真空下で，単結晶を育成する．この場合，インゴット自身が発熱体となり，インゴットの一部が溶解する．ただし，インゴットが水冷銅パイプに接触しているところでは冷却されているので溶解しない．なお，超高真空中での帯溶融が不安定なことがあったら，液体窒素トラップを経たヘリウムガスを導入して行うのもよいだろう．

この種の炉の利点の一つは，るつぼを使用していないことであろう．またコングルエントでない化合物に対してチャレンジしてみる価値がある．チョクラルスキー法で単結晶が育成できないとき，有効かもしれない．$CeRu_2$ の単結晶育成で組成比をずらした $CeRu_{1.8}$ の原料でチョクラルスキー法で単結晶育成に成功したが，この帯溶融法でも可能であった．ハースと接触していないインゴットの上部を中心にして多くの部分が溶解しているが，上部の液相から冷却されている下部の固相に向かって極めて大きな温度勾配がある．この急激な温度勾配が，コングルエントでない化合物に有効にはたらくと思われる．

上の例は高周波が試料に入っていけるように細い銅のパイプのハース上にインゴットをのせるボートを紹介したが，たとえば，図 4.12 (b) に示すようなグラファイトの棒にフライス盤を使って溝を掘り，るつぼを作ってもよい．ここにあらかじめ溶解した多結晶を入れて帯溶融法で単結晶を育成することが可能である．溝を細めたところで単結晶化が促されるであろう．

この節の最後に，帯溶融法といえないかもしれないが，何も動かさないで単結晶を育成する簡便な方法を紹介しよう．図 4.12 (b) のようなグラファイトの溝に Au と Al を 1：2 で入れて，石英管に真空封入した．立方晶 CaF_2 型の $AuAl_2$ (T_m=1060℃) の単結晶を育成する[15]．$AuAl_2$ はるつぼに入れて後述するブリッジマン法で行うとるつぼが割れてしまう．液相から固相になるとき，多くの化合物では体積が収縮するが，$AuAl_2$ は膨張するためであることがわかった．そこで，第 3 章の図 3.3 の縦型の電気炉を横型に変えて，つまり，横に倒して上部が開放されている図 4.12 (b) のようなグラファイトのボートをるつぼとした．最初はすべて液相にして，温度をゆっくり降ろしてゆく．温度勾配があるのでボートの一端から固化が始まり，数日かけてすべて固化し，インゴットすべてが単結晶になった．ボートの一端から他端に目で見ることはできないが単結晶化が進んでいく様子は目に浮かぶであろう．ちなみに，図 4.12 (a) の装置は目で見ることができる．なお，$AuAl_2$ はかつて“色”の観点から研究された化合物で，赤紫の色をしている．

4.4　浮遊帯溶融法

前述では多結晶インゴットを水平にセットして単結晶を育成した．その多結晶インゴットを垂直にセットして，その一部を溶かしながら単結晶成長をインゴット全体に促す方法を浮遊帯溶融（floating zone，略して FZ）法という．融体を表面張力で空中に浮かせて行うからである．したがって，溶融帯は多結晶インゴットの下から上に向かって一方向での凝固が行われることになる．ここでは，高周波加熱と赤外線集光（集中）加熱による浮遊帯溶融法を述べる．

高周波加熱浮遊帯溶融法での一例として，立方晶の高融点化合物 CeB_6（T_m=2550℃）の単結晶育成について述べよう[16, 17]．高周波炉は図 4.2 で説明した通りで，今回はワーキングコイルが小さい．たとえば，外径 3 mm の水冷銅パイプを図 4.13 のように内と外に 2 ターンずつ巻いている．内側の内径はおよそ 15 mm ぐらいである．ここに外径 10 mm の CeB_6 の焼結棒を上下からセットする．図 4.13 (a) に示すように上下とも焼結棒で，焼結棒は BN 棒に固定される．ワーキングコイルは固定されていて，高周波電流を流しながらまず下部の焼結棒の先端を固溶させ，同時に上部の焼結棒を降下さ

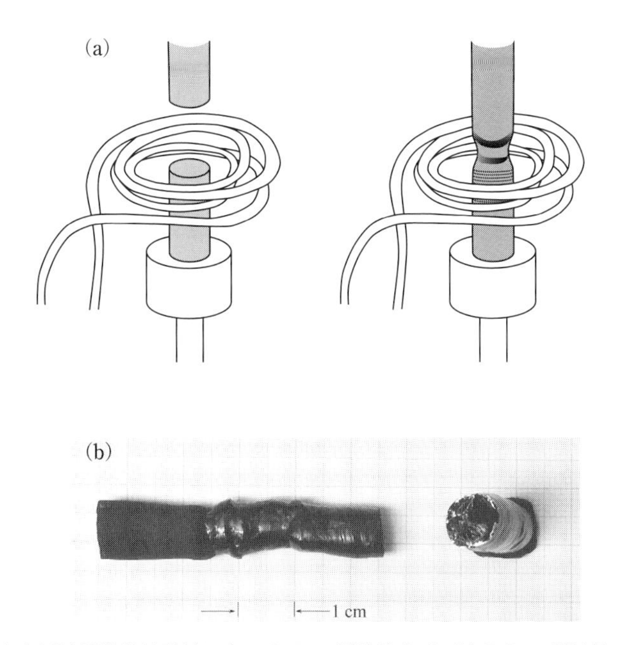

図 4.13　(a) 高周波浮遊帯溶融法による CeB_6 の単結晶育成．(b) CeB_6 の単結晶インゴット．

せて近づけ結合させ，上と下の焼結棒を 10 ～ 20 mm/hr で下降させてゆく．この場合焼結棒なので固溶すると体積が著しく減少する．そのため上部の焼結棒は若干降下速度を速める．このような操作で単結晶が育成される．2度目以降はこの単結晶インゴットを種結晶として下部にセットするとよい．この RB_6 (R：希土類) は高融点であることもあり，蒸発し，ワーキングコイル間に放電を起こすことがあるので，5 ～ 8 kg/cm^2 のアルゴンガス，または液体窒素のトラップを通したヘリウムガス高圧下で行うことが必要である．この RB_6 は融液の表面張力が弱いためか落下しやすいが，単結晶化しやすい．この浮遊帯溶融は1回ではなく，繰り返すと単結晶の質が著しく良くなる．LaB_6 の場合の残留抵抗比 RRR=50 は，2回目には 190，3回目に 450，最高 RRR=720 という報告がある[18]．LaB_6，CeB_6 は金属ではめずらしい紫というか赤みがかった紫の色をしている．前述の $AuAl_2$ と似た色である．

準備する多結晶のインゴットがアーク溶解してできるならそれが一番簡単である．細長い溝を掘った銅製ハースを準備すればよい．粉を固めて焼いた上述の焼結棒の場合は，一様な長さ 10 cm 以上の焼結棒を準備することが重要になってくる．その手順は次の通りである．

1) CeB_6 を例にすると，粉末の CeO_2 と B をボールミルを使って一様に混合し，角柱 ($10 \times 10 \times 20\ mm^3$) 状に細長くプレスする．それを BN 管に入れてその外側は発熱体のカーボンの筒があり，真空に引きつつ高周波炉で約 1800℃に加熱し，

$$CeO_2 + 8B \rightarrow CeB_6 + B_2O_2 \uparrow \tag{4.28}$$

の反応により，CeB_6 の粉末を得る．

2) CeB_6 粉末を微粉末化し，希塩酸で清浄化する．

3) 次に，この微粉末をゴム管に入れ，それを内径 11 mm，長さ約 100 mm の円筒ガラス管の中で密につめ込み，減圧封入し，静水圧加圧を行う．

4) ゴム管の中味を上述 1) の高周波炉で約 1800℃で焼結する．

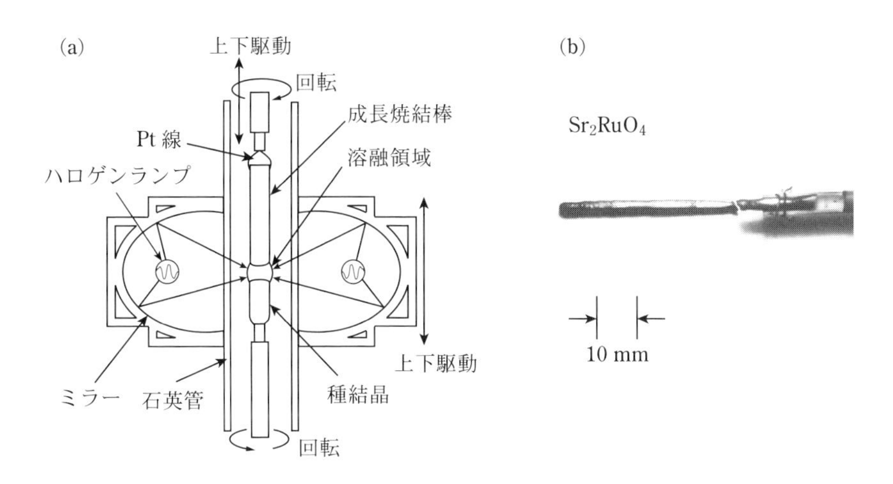

図 4.14 (a) 赤外線集光加熱炉と (b) 浮遊溶融法で育成した Sr_2RuO_4 の単結晶インゴット.

次に高周波とは異なる図 4.14 (a) に示す赤外線集光加熱炉での単結晶育成について述べる．スピン 3 重項超伝導体としてよく知られる Sr_2RuO_4 を例にする [19, 20]．このときも上述と同じ粉末の焼結棒を準備する．合成反応は 950℃で行われ，

$$2SrCO_3 + RuO_2 \rightarrow Sr_2RuO_4 + 2CO_2\uparrow \qquad (4.29)$$

となる．この粉末 Sr_2RuO_4 も CeB_6 とほとんど同じで外径 5 mm，長さ 70 mm ぐらいの棒状に準備され，1350℃で空気を流しながら焼結される．Sr_2RuO_4 は表面張力の違いか融体が流れ落ちることはない．図 4.14 (b) は赤外線集光加熱炉で育成された単結晶インゴットである．

ここで超伝導について触れたい．超伝導 (superconductivity) とは，2 個の電子がクーパー対 (Cooper pair) をつくって常伝導状態より $H_c^2/8\pi$ だけエネルギーが低い状態に落ち込むことである．$H_c^2/8\pi$ を超伝導の凝集エネルギー (condensation energy in superconductivity) と呼ぶ．

超伝導には第 1 種と第 2 種があるが，Sn，In などの単体金属の大部分は第 1 種であり，ほとんどすべての化合物の超伝導は第 2 種である．第 1 種

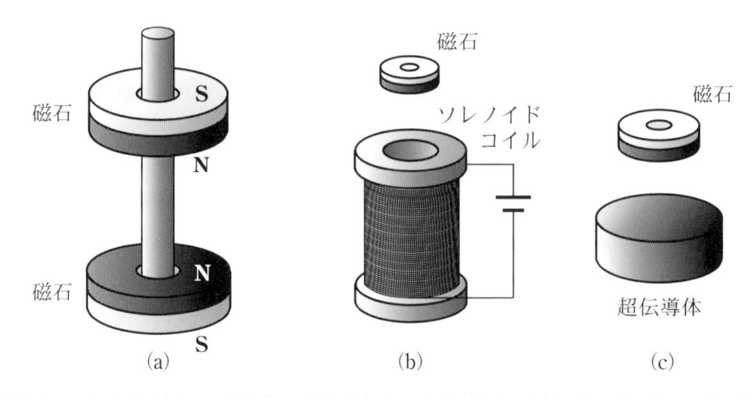

図 4.15　磁気浮上の様子．(a) 磁石同士の反発による浮上．(b) ソレノイドコイルの作る磁場による磁石の浮上．(c) 超伝導体による磁石の浮上．

超伝導体に磁場 H を加えると，熱力学的臨界磁場 (thermodynamic critical field) H_c で超伝導状態は常伝導状態に転移し

$$-\int_0^{H_c} MdH = \frac{H_c^2}{8\pi} \tag{4.30}$$

が成立する．$H<H_c$ では磁化 M は完全反磁性 (perfect diamagnetism) を示し，外部からの磁場をはねかえすように，言い換えると磁場の侵入を防ぐように，クーパー対が超伝導体の表層 λ を流れることになる．λ を磁場侵入長 (penetration depth) とよぶ．図 4.15 に示すように，このときの超伝導体はソレノイドコイルを連想すればよいだろう．ソレノイドコイルは磁石と同等なので，同じ極性の 2 つの磁石が向き合ったと思えばよい．磁石の上で超伝導体が浮くのは完全反磁性が基になっている．

第 2 種超伝導体での完全反磁性は下部臨界磁場 (lower critical field) H_{c1} までで，$H>H_{c1}$ で外部からの磁場は磁束量子 (fluxoid, flux quantum) $\phi_0=hc/2e=2.068\times10^7\,\mathrm{Oe\cdot cm^2}$ として超伝導体の中に侵入する．磁束量子は渦糸 (flux line) ともいい，直径が 2ξ の糸状の常伝導領域である．ξ はクーパー対 ($\boldsymbol{k}\uparrow$ と $-\boldsymbol{k}\downarrow$ または $\boldsymbol{k}\downarrow$ と $-\boldsymbol{k}\uparrow$ の電子対) の拡がりであり，コヒーレンス長 (coherence length) と呼ぶ．磁束量子で超伝導がすべて満たされると常伝

導状態になる．そのときの磁場を上部臨界磁場 (upper critical field) H_{c2} とよび，

$$H_{c2} = \frac{\phi_0}{2\pi\xi^2} = \sqrt{2}\kappa H_c \tag{4.31}$$

で表される．$H_{c2} > H_c$，すなわちギンツブルグ-ランダウ (Ginzburg - Landau) パラメータ $\kappa(=\lambda/\xi) > \frac{1}{\sqrt{2}}$ のときが第 2 種超伝導体である．このときも

$$-\int_0^{H_{c2}} M dH = \frac{H_c^2}{8\pi} \tag{4.32}$$

が成り立つ．たとえば，$CeRu_2$ では $H_{c2}(T=0\ \mathrm{K}) = H_{c2}(0) = 52$ kOe，$H_c = 1.5$ kOe，$H_{c1}(0) = 0.18$ kOe，$\xi = 79$ Å，$\lambda = 2000$ Å，$\kappa = 25$ である[21]．

常伝導状態から超伝導状態になると，図 4.16 (a) と (b) に示すようにフェルミ面は Δ だけ縮み，2Δ のエネルギーギャップが生じる．状態密度やエネルギーバンドに対しても常伝導状態と比較し，図 4.16 (e) と (i) に示すように 2Δ のエネルギーギャップが生じる．バーディーン-クーパー-シュリファー (Bardeen - Cooper - Schrieffer，略して BCS) 理論によれば 0 K でのギャップの大きさは

$$2\Delta = 4\hbar\omega_D e^{-\frac{1}{D(\varepsilon_F)V}} \tag{4.33}$$

で与えられる[22]．常伝導状態での伝導電子の散乱の源であったフォノンがクーパー対の媒介となり，その結果デバイ周波数 (Debye frequency) ω_D が (4.33) 式に入っている．V は電子-格子相互作用である．2Δ の大きさは温度依存性を持ち，それを図 4.16 (f) に示した．

常伝導状態の金属に電場を加えると，伝導電子は加速を受けるがフォノン (格子振動) との散乱で図 4.16 (g) と (h) に示すように，エネルギー状態が異なる状態に移る．これが伝導電子の散乱であり，その結果，オームの法則が成り立つことになる．ところが，超伝導状態になると図 4.16 (i) と (j) に示すように，散乱先に電子の空席がないので散乱されないことになる．つまり，電気抵抗はゼロとなる．もちろん，大きな電場を加えれば 2Δ 上の空席のバ

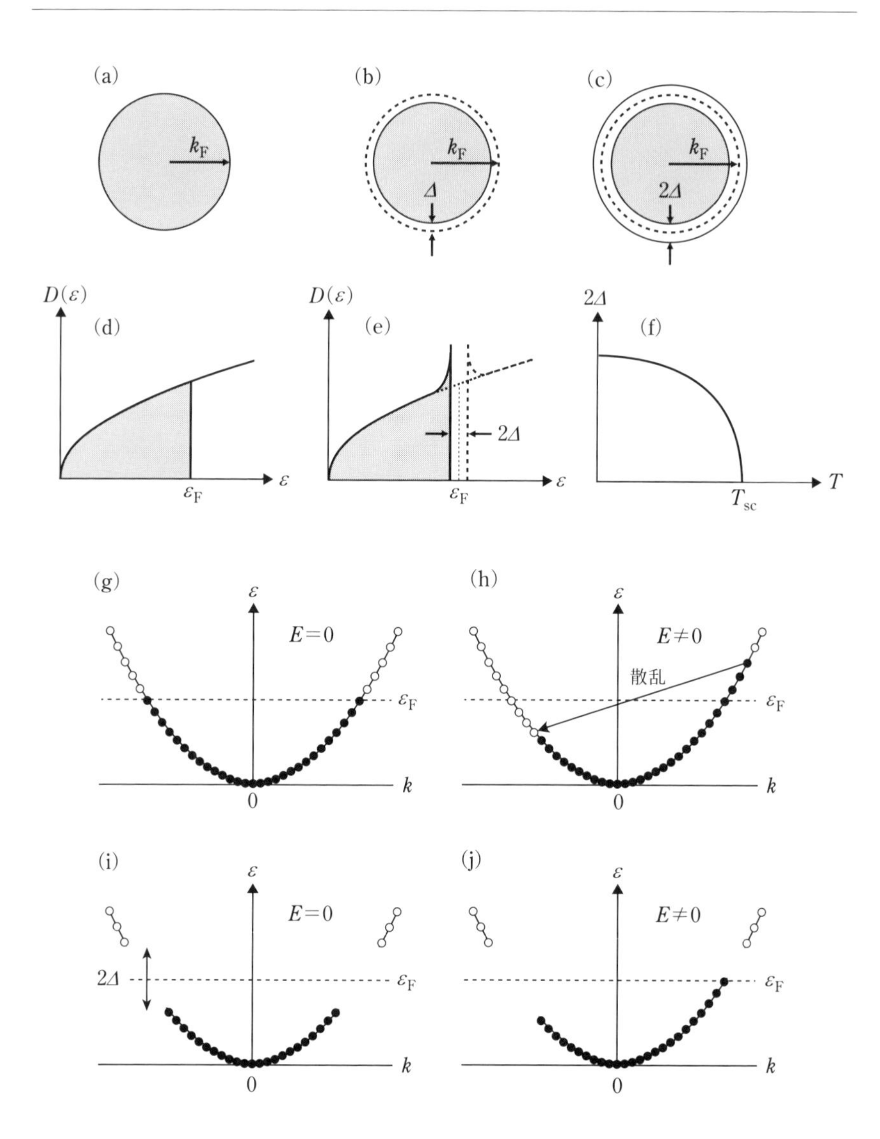

図 4.16　(a) 常伝導状態でのフェルミ面．(b) 0 K での超伝導状態でのフェルミ面．(c) クーパー対が破れて常伝導の電子，つまり準粒子を形成したときを示すエネルギーギャップ．(d) 常伝導状態での状態密度．(e) 0 K での超伝導状態での状態密度．(f) エネルギーギャップ 2Δ の温度依存性．(g) 常伝導状態でのエネルギーバンド (電場 $E=0$) と (h) $E\neq0$ でのエネルギーバンド．(i) 超伝導状態でのエネルギーバンド ($E=0$)，および (j) $E\neq0$ のときの超伝導状態でのエネルギーバンド．

ンドが散乱先になるので，そのときは超伝導は破れて常伝導状態になるだろう．超伝導探索のときは可能な限り小さな電流を流して電気抵抗を測定する必要がある．

このように，BCS の超伝導状態ではエネルギーギャップがフェルミ面全体に一様に生じるので比熱 C や核磁気緩和率 (nuclear spin-lattice relaxation rate) $1/T_1$ は $e^{-\frac{\Delta}{k_B T}}$ の指数関数に従った温度依存性を示す．上述の $CeRu_2$ でのギャップは $\Delta(0)=12$ K である．なお，$CeRu_2$ の超伝導転移温度 $T_{sc}=6.3$ K なので $2\Delta(0)/k_B T_{sc}=3.8$ となり，BCS での値

$$\frac{2\Delta(0)}{k_B T_{sc}} = 3.53 \tag{4.34}$$

より若干大きい．また BCS での転移温度での比熱 C のとび ΔC は

$$\frac{\Delta C}{\gamma T_{sc}} = 1.43 \tag{4.35}$$

であるが，電子比熱係数 $\gamma=27$ mJ/ ($K^2 \cdot$mol) の $CeRu_2$ では $\Delta C/\gamma T_{sc}=2.0$ であり，BCS の値より大きい．

電子相関の強い d 電子や f 電子が伝導電子に関与するとギャップはフェルミ面全体に一様に形成されなくなる．一部，ギャップがたとえば線状につぶれる状態が出現する．これを線状のノード (line node) が生じたという．すると比熱や核磁気緩和率の温度依存性は指数関数から温度の冪乗則 T^n ($n=3$ など) に従うようになる．BCS 超伝導の s 波とは異なる p, d, f 波の超伝導体で見出される現象である．

電子対の波動関数 $\Psi(\boldsymbol{r}_1, \boldsymbol{\sigma}_1, \boldsymbol{r}_2, \boldsymbol{\sigma}_2)=\psi(\boldsymbol{r}_1, \boldsymbol{r}_2)\chi(\boldsymbol{\sigma}_1, \boldsymbol{\sigma}_2)$ は軌道部分 ψ とスピン部分 χ からなる．相対座標 $\boldsymbol{r}_1-\boldsymbol{r}_2=\boldsymbol{r}$ とおき，軌道の波動関数 $\psi(\boldsymbol{r})$ は

$$\left[-\frac{\hbar^2}{2m}+V(\boldsymbol{r})\right]\psi(\boldsymbol{r}) = E\psi(\boldsymbol{r}) \tag{4.36}$$

のシュレディンガーの方程式を解くことになる．水素原子のシュレディンガー方程式のようにポテンシャル $V(\boldsymbol{r})$ が中心力であれば $\psi(\boldsymbol{r})$ は極座標 (r, θ, ϕ) で

$$\psi(\boldsymbol{r}) = R_{nl}(r) Y_l^m(\theta, \phi) \tag{4.37}$$

となり，動径成分 $R_{nl}(r)$ と球面調和関数で表される角変数成分 $Y_l^m(\theta,\phi)$ で表現される．電子対の軌道部分は $l=0$ (s 波)，$l=1$ (p 波)，$l=2$ (d 波)，$l=3$ (f 波) …の状態が可能である．l が偶数 (0, 2, …) の軌道に対して，図 4.17 (a) と (b) に示すように $\psi(\boldsymbol{r})$ は対称になり，これを偶パリティー (even parity) と呼ぶ．一方，l が奇数 (1, 3, …) の軌道の場合は図 4.17 (c) に示すように，左右逆で中央で折り返しても重ならない反対称となり，奇パリティー (odd parity) と呼ぶ．2 個の電子の入れ換えに対して，Ψ は反対称でなければならないことから，軌道 ψ が偶パリティーのときはスピン χ は反対称 (スピン 1 重項) となり，軌道が奇パリティーのときはスピンは対称の 3 重項スピンとなる．

ここで，2 つの電子の全スピンを S とすると，$S=0$ の対状態がスピン 1 重項である．たとえば上向きスピンの電子 ($\boldsymbol{k}\uparrow$) が，図 4.17 (a) のように原点に存在するとき，対をなす相手の下向きスピンを持つ電子 ($-\boldsymbol{k}\downarrow$) は球対称の拡がりで分布し，主として原点付近を占める BCS の s 波超伝導を示す．拡がりの大きさが超伝導でのコヒーレンス長 (coherence length) ξ である．

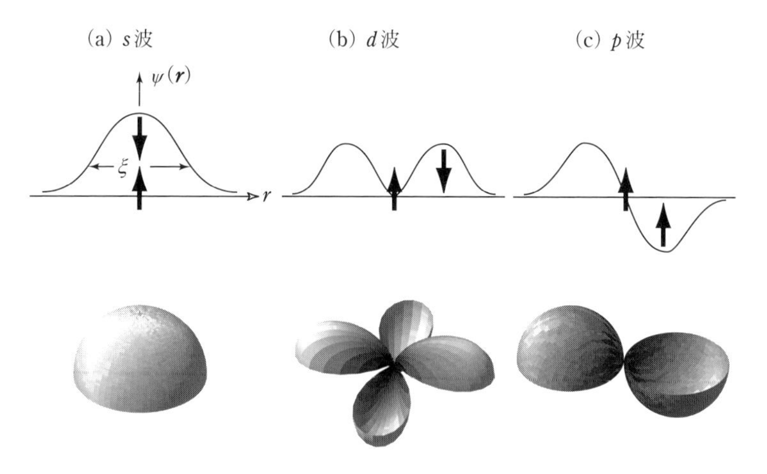

図 4.17　超伝導の電子対モデル．

酸化物高温超伝導体は図 4.17 (b) の d 波で，スピンの向きは s 波と同じであるが，相手の電子は原点付近を占めることができず，離れた位置に存在する．ここで，酸化物高温超伝導体は 2 次元電子系で伝導面の CuO_2 の Cu-3d 電子が伝導を担っている．Cu-3d 電子は強い電子相関を持ち，言いかえると 2 個の電子には強くクーロン反発力がはたらいていると考えざるを得ない．にもかかわらずクーパー対をなすためには，s 波の BCS 理論の基になったフォノンによる対形成ではなく，磁性（スピンの揺らぎ）が関与していると考えられている．そういうクーパー対形成のため，2 個の電子は離れた軌道関数になっている．ここで，銅の単体金属は 4s 電子が伝導電子で球状に近いフェルミ面である．銅の 3d 電子はフェルミエネルギーより下の 2 ～ 5 eV に位置していて，電気伝導や磁性にはあまり関与しない．しかし，光との応答とは深く関与している[23]．一方，これまで述べた酸化物高温超伝導体では主要な電気伝導と磁性，および超伝導を担うのは Cu-3d 電子である．

Sr_2RuO_4 では電子相関のある Ru-4d 電子が伝導電子を担っていて，種々の実験結果から全スピン $S=1$ の p 波の超伝導状態と考えられている．$S=1$ のスピン 3 重項には $S_z=1$，$S_z=0$，$S_z=-1$ の 3 通りがあり，それが図 4.18 (b) に示されている．BCS 超伝導体や高温超伝導体は図 4.18 (a) に該当

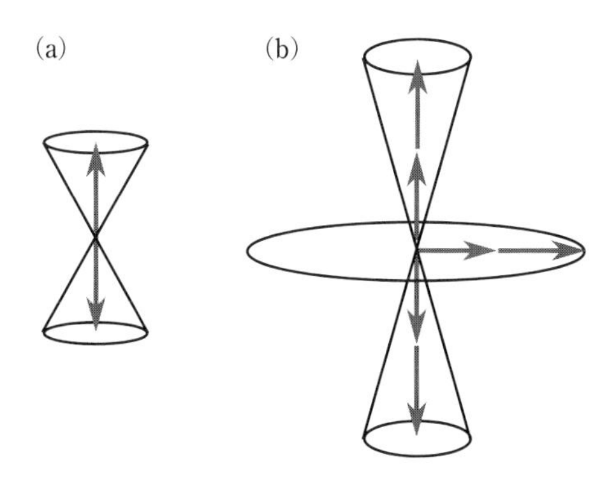

図 4.18 クーパー対をなす 2 個の電子スピンに関して，(a) 全スピン $S=0$ と (b) 全スピン $S=1$ の状態.

する．Sr_2RuO_4 の単結晶試料の超伝導転移温度 (superconducting transition temperature) T_{sc} は試料依存性が著しく，純良なほど T_{sc} が高い．BCS ではない超伝導体のことを強相関電子系の超伝導とか，重い電子系の超伝導とかいうが，超伝導の解明には純良な単結晶試料が欠かせない．というのは，フェルミ面のどの位置にどのようなギャップが潰れているかを明らかにするためには，$T < T_{sc}/3$ の低温での物性測定が本質的に重要になる．クーパー対の一部が不純物散乱でノーマル状態の準粒子 (quasiparticles) になっていると，それが残留状態密度となり，比熱などの物理量に正しい温度依存性を与えないからである．

4.5　焼鈍法

焼鈍法，あるいは焼きなまし (アニーリング，annealing) についてまず述べ，エレクトロトランスポート (electrotransport) 法，あるいは固相電解法に進む．単結晶を何らかの手段で育成し，その質を少しでも良くするために，インゴットそのもの，あるいは切り出した試料に対して焼鈍を行うことは一つの試みである．融点が 1000℃以上の遷移金属，希土類・アクチノイド化合物では，その試料をタンタル (Ta) のフォイルで包み，石英管に真空封入して 800 ~ 900℃で 1 週間ぐらい保持して焼鈍するのが普通である．Ta のフォイルに包むのは，たとえば希土類化合物が直接石英管に触れると，石英管と反応してしまうからである．アーク溶解した多結晶の場合，一様な目的とする化合物を得るために 20 ~ 30 日焼鈍することが多い．

アーク溶解した多結晶体の場合，インゴットの底部は水冷ハースに接触しているので，放電を止めた瞬間に底部が核となって上部に向かって急激な結晶成長が起こることになる．そういう結晶成長を通した歪みがインゴットに残留することになる．時には樹枝状晶 (デンドライト，dendrite) をなすこともあるだろう．多結晶体というのは小さな単結晶の集まりである．単結晶といっても方位がわずかにずれた結晶粒の集まりかもしれない．焼鈍すると

小さな単結晶の粒 (grain) が大きくなる．これを再結晶 (recrystallization) という．金属あるいは金属化合物には再結晶温度があって，その温度以上になると原子 (イオン) は固体中を拡散することができる．化合物ではあてはまらないかもしれないが，たとえば，面心立方晶の単体金属では融点を K で表現し，再結晶温度はその温度の半分ぐらいと覚えておくとよいだろう．Al (T_m=660℃ =933 K) の場合は 467 K，つまり約 200℃となるだろう．つまり，Al では 200℃以上の温度に熱すると再結晶を起こし，多結晶の場合は結晶粒が大きくなる．

希土類単体金属 (Gd, Tb, Dy, Ho, Er, Tm, Y) に対して焼鈍法で単結晶が得られている. アーク溶解した直径 3 cm のボタン状の希土類金属, たとえば, Dy (T_m=1407℃) の場合は，1300℃で焼鈍して，8×12 mm^2 ぐらいの単結晶粒が得られている [24)]．このとき，アーク溶解した多結晶を焼鈍するとよいようである．アーク溶解で結晶粒が底部から上部に向かって揃うことが，次の焼鈍に有効にはたらくのではないかと思われる．

細い Al 棒を引っ張り加工して，焼鈍すると単結晶になる．単結晶の Al はとても柔らかく，それを曲げたりすると硬化する．転位 (dislocation) 等の格子欠陥 (crystal defects) が導入されるためである. 金属の変形はゴムとは違ってカードをずらしたように，ある特定の結晶面，たとえば{111}面がすべり面となり⟨110⟩方向にずれて変形する．それに伴って大量の転位が導入される．Al のような歪焼鈍 (strain annealing) 法は歪みを加えて，再結晶がしやすいように手助けしているといえるだろう．

遷移金属もそうであるが，希土類金属，希土類・アクチノイド化合物はガスの吸蔵材料ともいえ，10^{-3} Pa (10^{-5} Torr) の真空度は試料を劣化させる．つまり，この程度の真空で，たとえば数日真空に引きながら試料を 900℃で焼鈍すると，試料は見ただけで酸化が進行したことがわかる．10^{-6} Pa (10^{-8} Torr) 以下の真空度が必要である．

4.6　エレクトロトランスポート法

超高真空中で試料に大電流を流して，そのジュール熱で試料を焼鈍することをエレクトロトランスポート（electrotransport，固相電解）法という．ここではウラン（U）原材料の純良化を例にする[25)]．純度99.90～99.95％のU（融点T_m=1132℃，沸点T_b=4131℃）で，サイズは4×4×150 mm^{3}である．硝酸で表面をエッチングし，図4.19（a）のMoのチャックで両端を固定する．銅板のスプリングを導入して，動きに柔軟性を持たせている．なお，これらの支持台は水冷されている．スパッターイオンポンプとチタンゲッターポンプを使い，チャンバーを230℃に暖めて基本的な真空度は7×10^{-9} Paの超高真空を得る．通電すると真空度は悪くなるが，10^{-7} Pa以下の真空度であるように徐々に電流を流してUのインゴットの中央部が1120℃とした．約40 Aぐらいの直流電流を流したことになる．なお，途中経過として，インゴットが100℃に達するとH_2OやH_2などがインゴットから脱ガス化する．この1120℃の状態で40 Aの電子流がカソード（下）からアノード（上）に流れ，図4.19（b）に示すように1～2週間焼鈍され，室温に徐冷される．これがエレクトロトランスポートである．

超高真空下で焼鈍したインゴットの中央（1120℃）から48 mm上のアノード側は約900℃であり，そのアノード部分を#1として，24 mm下を#2，さらに24 mm下の中央を#3，その24 mm下が#4，さらに24 mm下のカソード側を#5としたときの，不純物の分布を調べたのが図4.19（c）である．不純物としてはMg, Al, Ti, V, Cr, Mn, Fe, Co, Ni, Cu, Znを調べた．一番不純物として多かったのはFeであり，もともと40 ppmあったが，伝導電子が流れる方向に移動している．中央部では2 ppm以下に減少している．電子流の掃引効果（sweeping effect）といえるだろう．Niも同じである．Vもその傾向がある．蒸気圧の高いMn, Cu, Znは完全になくなっている．蒸発もあるだろう．Mg, Al, Crでは中央が減少し，両側は濃度が高いので，両端の温度の低い方向にこれらの不純物は拡散している．以上のことから，エレク

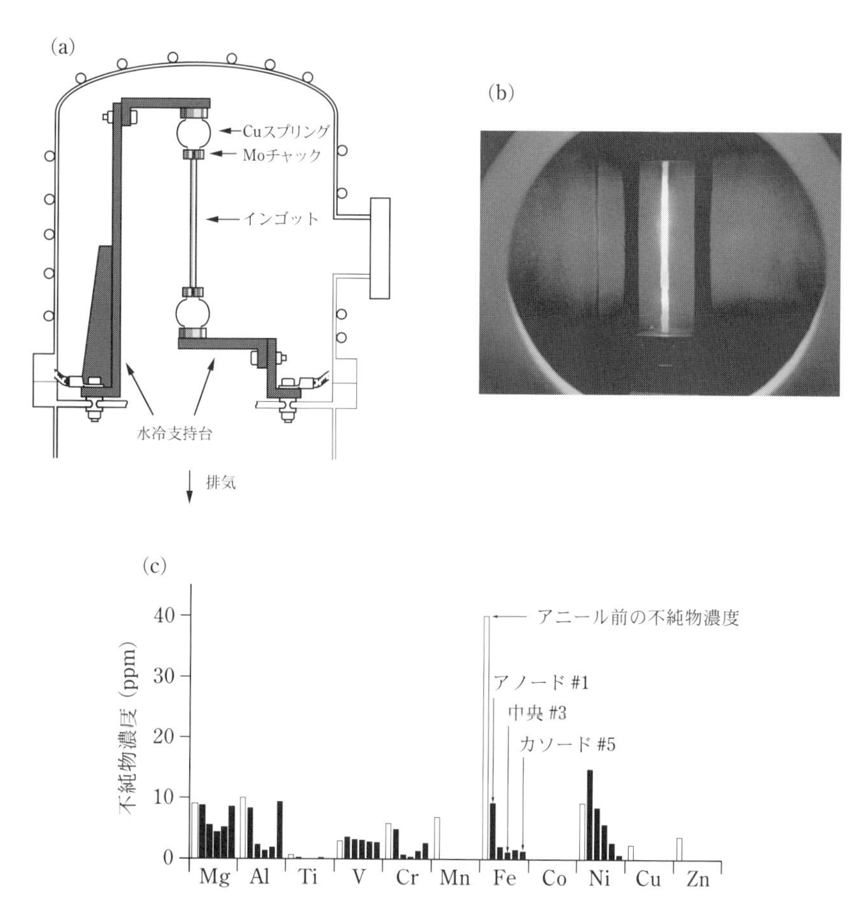

図 4.19 (a) エレクトロトランスポートの装置，(b) 通電している様子，および (c) 不純物の濃度分布[25)].

トロトランスポートは不純物ガスに対する脱ガス効果と，各種不純物を著しく減少する効果がある．

中央部の純良な U を使って UPt_3 をテトラアーク溶解炉を使ってチョクラルスキー法で単結晶を育成し，さらに上述のエレクトロトランスポートで単結晶インゴットを 900 ～ 1000℃で焼鈍することにより，ρ_0=0.19 μΩ·cm, RRR=600 ～ 650 の純良単結晶が得られている[4)].

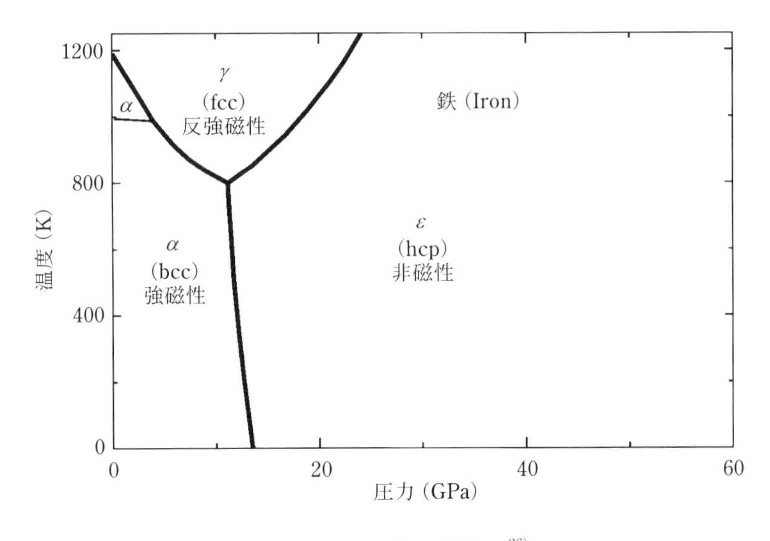

図 4.20　鉄の温度-圧力相図[26].

鉄の超伝導発現にもこのエレクトロトランスポートが役立っている．鉄の圧力–温度相図を図 4.20 に示す．体心立方晶の α-Fe は強磁性体だが，16 GPa 以上の圧力下の六方晶の ε-Fe は非磁性である．圧力を 20 GPa 以上加えたこの ε-Fe で超伝導が実現するかどうかの実験が行われた．市販の Fe ではこれまで実現できなかったが，1.4×10^{-9} Pa の超高真空下で約 900℃でエレクトロトランスポートを行ったところ，23 GPa の圧力下で T_{sc}=2 K の超伝導が見出された[26, 27]．圧力は時には結晶構造を変えたり，Fe の例のように強磁性を結晶構造を変えて超伝導に変えたりする．新たな物質開発の側面を持っている．重い電子系では磁気秩序温度や近藤温度が 5 K くらいなので，5 GPa ぐらいの圧力で電子状態は著しく変貌する．これは 4.11 節で述べる．

4.7　ウィスカーの育成法

アーク溶解した Sn, In, Pb などを含む化合物を放置しておくと，ひげ状のものが表面から出てくることがある．これがウィスカー（whisker crystal，ひげ状結晶）である．UPt_3 をアーク溶解したとき，表面からウィスカーが飛び出したこともある．ウィスカーは転位がほとんどない完全結晶に近い単結晶であり，多くの単体金属でウィスカーの結晶成長が可能である．ウィスカーの最先端の研究がカーボンナノチューブ（carbon nanotube）といってよいだろう．

ここでは鉄のウィスカーについて述べる．鉄のウィスカーの育成は後述する化学輸送法に似ているが，反応の空間は水や反応ガス HCl が放出されるので，開放型である．その概略図を図 4.21 (a) に示す．電気炉の中に内径 25 mm の石英管があり，その中に鉄のフォイルでつくったボート状の容器がある．容器の中に原材料の塩化第一鉄 $FeCl_2 \cdot 4H_2O$ をセットする．もちろん，石英管内は空気中にさらされているわけではなく，ガス等の配管がなされている．最初に石英管内にアルゴンガスを流しながら，$FeCl_2$ の融点が 677℃なのでそれより少し高い 720℃まで電気炉の温度を上げる．途中の約 200℃で $FeCl_2 \cdot 4H_2O$ が分解して水が生じ，あらかじめ少し傾けた石英管の端に水が溜まるので配管を通して外に排出する．次に，アルゴンガスに水素ガスを

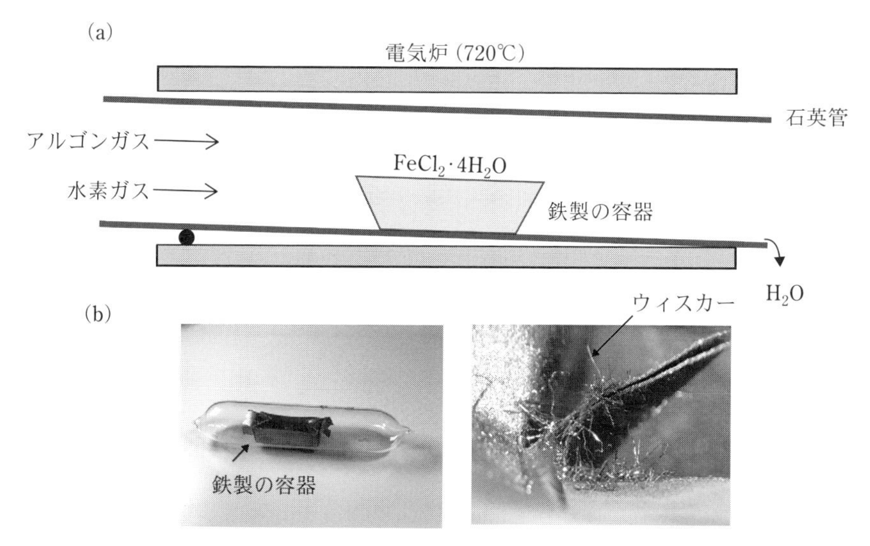

図 4.21 (a) Fe のウィスカーを育成する電気炉と (b) 育成されたウィスカー．

加えると，次の水素還元反応により鉄のウィスカーが鉄製容器に針状に多数育成される．

$$FeCl_2 \cdot 4H_2O + H_2 \rightarrow Fe + 2HCl + 4H_2O \qquad (4.38)$$

ウィスカーの大きさは $0.01 \times 0.01 \times 1 \sim 0.1 \times 0.1 \times 3\ \mathrm{mm}^3$ であった．そのウィスカーを図 4.21 (b) に示す．成長方向は⟨100⟩，また側面の平らな面も {100} であった．$\rho_0 = 0.03\ \mu\Omega \cdot \mathrm{cm}$，RRR=460 の純良単結晶が得られる．なお，ウィスカーの育成あるいは製造の解説がある[28, 29]．育成で水の排出が面倒であり，かつ純良化に悪い影響を与えないかという心配を抱く．すなわち，$FeCl_2 + H_2 \rightarrow Fe + 2HCl$ のごとく H_2O を排除する試みもなされていて，このときはウィスカーが生成されないとの報告である．容器も鉄が良くて，容器中の $FeCl_2$ に結晶水が作用して FeO が生成され，この FeO が結晶核となって気相反応によりウィスカーは成長するのではないかと推測されている[29]．

4.8　フラックス法

アルミナるつぼに Ce：Rh：In=1：1：10～15 の組成比で原材料を入れて石英管に真空封入する．あるいは，高温で 1 気圧になるわずかのアルゴンガスを真空に引いたのち導入し，封入する．電気炉に入れて 1050℃まで加熱し，その後 1050℃から 17 ～ 20 日かけて 650℃までゆっくり冷却し，5 時間で室温にもどす．石英管を破ってるつぼを取り出し，るつぼの入り口を石英ウールでふさぎ，それをパイレックス管に入れて，パイレックス管の先端に一つの空間をつくる．パイレックス管をさかさまにして，電気炉中に横たえて，250℃に加熱し，それをすばやく取り出して遠心分離機で，In と試料を分離する．In のフラックスは先端の丸い領域に石英ウールを通して移動し，試料は石英ウールにくっついているか，るつぼの底にはりついている．$CeRhIn_5$ の単結晶インゴットを図 4.22 (a) に，遠心分離機からとり出したパイレックスを図 4.22 (b) に模式的に示す．

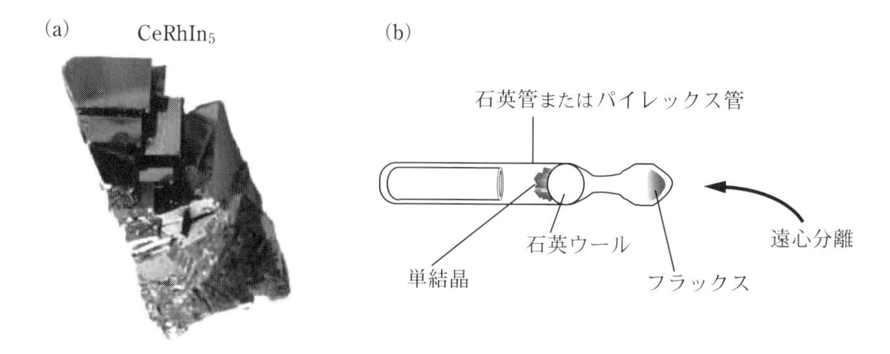

図 4.22 (a) フラックス法で育成した $CeRhIn_5$ の単結晶インゴットと (b) 遠心分離機でフラックスを取り除いたるつぼとパイレックス管.

以上が，フラックス法 (flux method) での単結晶育成である．単結晶育成の電気炉は市販のボックス炉でもよいし，自作の縦型電気炉でもよい．ボックス炉は空間が広いので，温度分布は必ずしも一様ではなく不均一である．一方，自作の電気炉は中央部分の 10 cm ぐらいは一様な温度なので，自作の電気炉がよいこともある．$CeRhIn_5$ の場合は，自己フラックス (self-flux) と言えるが，フラックスの材料は低融点金属，すなわち，Zn (融点 T_m=420℃，沸点 T_b=907℃)，Cd (T_m=320℃，T_b=767℃)，Al (T_m=660℃，T_b=2519℃)，Ga (T_m=30℃，T_b=2403℃)，In (T_m=157℃，T_b=2072℃)，Sn (T_m=232℃，T_b=2602℃)，Pb (T_m=328℃，T_b=1749℃)，Sb (T_m=631℃，T_b=1587℃)，Bi (T_m=271℃，T_b=1564℃)，Te (T_m=450℃，T_b=988℃) などが利用される．沸点 T_b がおよそ 1 気圧に対応する．単体元素の圧力–温度相図を図 4.23 に示す．石英管を用いた最高温度 1100 ~ 1200℃でのフラックス法に限ると，Al, Ga, In, Sn は蒸気圧が低いので電気炉の最高温度設定に心配する必要はない．しかし，Cd, Zn, Te では，それぞれ 700℃，750℃，900℃以下で行うのが石英管にとって図 4.23 から安全であろう．一般的に，温度が高いほど単結晶は大きくなるが，0.2 ~ 0.5 気圧以下で行いたい．また，原材料がフラックスに完全に溶け込むために，たとえば As などの蒸気圧が高い原材料が Bi などのフラックスに溶け込むためにはゆっくりと昇温する必要があるだろ

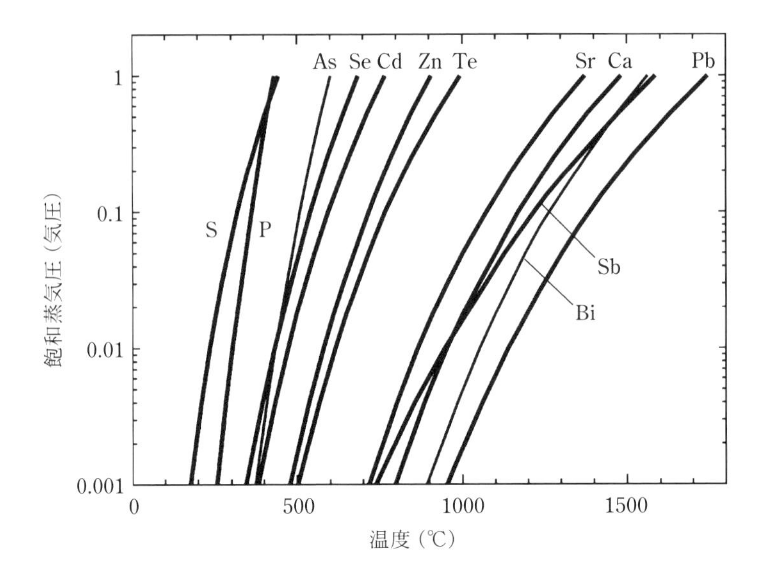

図 4.23　低融点単体元素の圧力–温度相図.

う．通常最高温度での保持時間は1～2日である．

フラックス法は，論文に原材料の組成比と電気炉の温度コントロール過程が書かれていたとき，その論文通りにやれば単結晶育成は誰にでもできる最も簡便な方法である．しかし，一般的に何をフラックスとするか，温度過程，原材料の組成比など未知なことが多い．つまり簡単なように思えて工夫と技術を必要とする，奥行きの深い単結晶育成法といえよう[30-33]．特に3元系の場合には状態図はほとんどないので，何が育成されるかはまったくわからないといってよい．

上述の $RRhIn_5$ の In の自己フラックス法では R=Y, La, …, Yb, Lu の希土類のうち Eu を除くすべての化合物が同じ方法で育成される[34]．$EuRhIn_5$ 化合物だけは化合物として存在しない．希土類化合物の利点は次の点にある．$YRhIn_5$, $LaRhIn_5$, $LuRhIn_5$ は $4f$ 電子を持たないので磁気秩序はない．これらを参照物質として，他の $4f$ 電子を持つ希土類化合物の電気抵抗とか比熱での格子振動の寄与を差し引くことができる．さて，$CeRhIn_5$ はネール点

T_N=3.8 K の反強磁性体である．類似の重い電子系超伝導体 $CeCoIn_5$ は上述の方法では育成できない．1050℃から 750℃まで急激に減少させ，それから徐冷することによって育成される．

自己フラックス法でない上述の低融点金属を使ったフラックス法の例を挙げよう．$EuNi_2Ge_2$ の単結晶を育成しようとして Eu：Ni：Ge：Sn=1.1：2：2：30 の組成で Sn をフラックスにすると $EuSn_3$ の単結晶が育成された．Pb では $EuPb_3$ 単結晶，Bi では $EuBi_3$ 単結晶，In をフラックスにすることによってはじめて目的の $EuNi_2Ge_2$ の単結晶が育成される．また，Ni-Ge の状態図を見ると $Ni_{0.33}Ge_{0.67}$ の共晶融点が 762℃と比較的低いので，これをフラックスとして $EuNi_2Ge_2$ の単結晶を育成することも可能である．

次の例は Sn フラックスによる RCu_2Si_2 (R=：希土類金属) 単結晶育成であり，R：Cu：Si：Sn=1：15：3：50 という RCu_2Si_2 の組成から Cu の組成を著しくずらした例である[35]．育成の温度コントロール過程は $CeRhIn_5$ とほ

図 4.24　Sn フラックス法で育成した RCu_2Si_2 (R：希土類金属) 単結晶[35]．

ぼ同じである．育成されたRCu_2Si_2単結晶インゴットを図4.24に示す．単結晶の形状は直方体に近く，紙面上の平らな面が正方晶の(001)面である．$HoCu_2Si_2$などいくつかの単結晶は，まるで実空間の結晶構造に対する運動量空間のブリルアンゾーンの形に近い．

これらのRCu_2Si_2の電気抵抗を図4.25に示す．この中で，$EuCu_2Si_2$はSnフラックスで単結晶が育成されるが，その単結晶のCuの充填率が91.4%であり，スピングラスの磁性を示す[36]．図4.25(b)に載せた$EuCu_2Si_2$データは次の節で述べるブリッジマン法で育成した単結晶試料による．$CeCu_2Si_2$と$YbCu_2Si_2$は重い電子系であり，$CeCu_2Si_2$は重い電子系超伝導体でもある．$CeCu_2Si_2$がはじめての重い電子系超伝導体[T_{sc}=0.5 K，γ=1000 mJ/(k^2·mol)]ということもあり[37]，Snフラックス法以外に，Cuフラックス法[38]，引き上げ法[39,40]などさまざまな手法で単結晶が育成された．Eu化合物の多くは

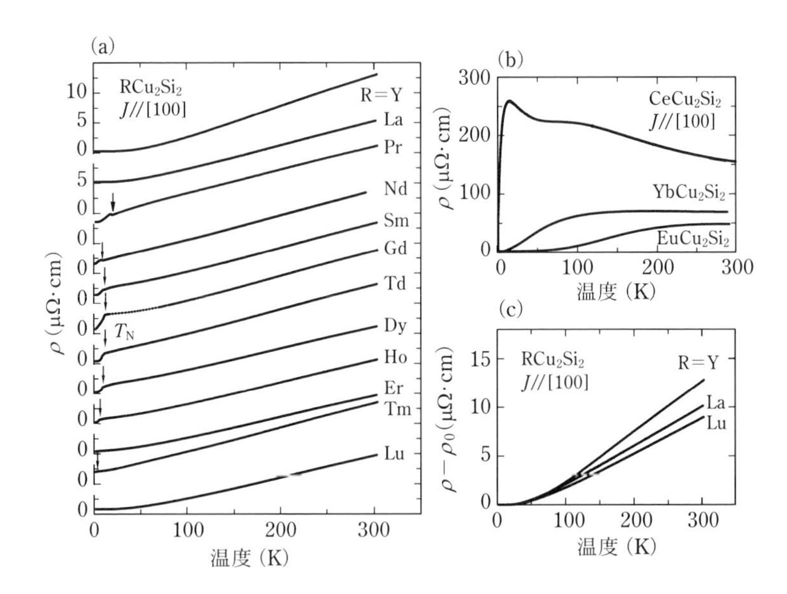

図 4.25　(a) RCu_2Si_2 (R：Y, La, Pr, Nd, Sm, Gd, Tb, Dy, Ho, Er, Tm, Lu)，(b) $CeCu_2Si_2$, $YbCu_2Si_2$と$EuCu_2Si_2$，および(c) YCu_2Si_2，$LaCu_2Si_2$，および$LuCu_2Si_2$の電気抵抗の温度依存[35]．(a)の図面の矢印はネール点である．

Eu^{2+} $(4f^7)$ の Gd^{3+} に類似の磁性体であるが，$EuCu_2Si_2$ は表 4.2 に示す磁気秩序のない Eu^{3+} $(4f^6)$ に近い化合物である．一方，ほとんどすべての RCu_2Si_2 は R^{3+} の反強磁性体であり，そのネール温度 T_N は RKKY 相互作用のドゥ・ジャン (de Gennes) 係数

$$T_N \sim (g_J-1)^2 J(J+1) \tag{4.39}$$

にほぼ従う．それを図 4.26 に示す．大きくずれているのは $PrCu_2Si_2$ であり，この化合物では $4f$ 電子の電荷に関係する四極子相互作用が強く影響しているためである．

RCu_2Si_2 の磁気的電気抵抗を実験的に求めるため，$\rho_{mag}=[\rho(RCu_2Si_2)-\rho_0(RCu_2Si_2)]-[\rho(LuCu_2Si_2)-\rho_0(LuCu_2Si_2)]$ とした．ここで，参照化合物の中で $LuCu_2Si_2$ がいろいろ検討を重ねてよいと判断されている．図 4.26 (b) は

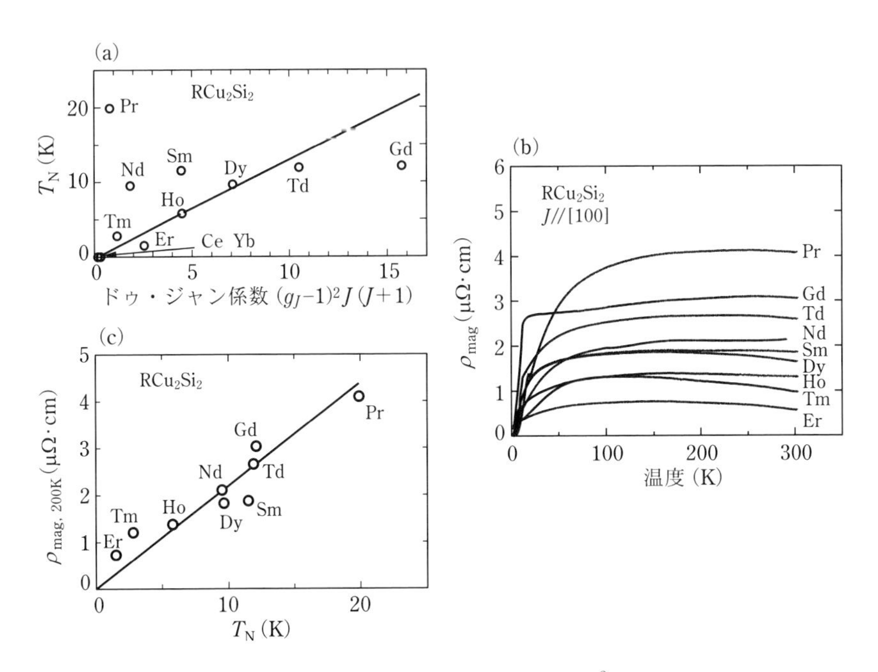

図 4.26 RCu_2Si_2 に対する (a) T_N とドゥ・ジャン係数 $(g_J-1)^2J(J+1)$ の関係，(b) ρ_{mag} の電気抵抗の温度依存性，(c) ρ_{mag} と T_N の関係 [35]．

ρ_{mag} の温度依存性を示す．他の実験から RCu_2Si_2 の結晶場分裂の大きさは 200 K 以下であることがわかっていて，その結果，ρ_{mag} は 200 K 以上で温度によらず一定になっている．この一定の ρ_{mag} の大きさは T_N と完全に対応していることが図 4.26 (c) からわかる．

フラックス法で育成された単結晶での注意点は，フラックスが単結晶表面についていたり，結晶粒界等に入り込んでいることである．特に層状化合物では層間に入り込むことが多い．入り込んでいる量は多くの場合，比熱では判別できないほどの少ない量であるが，電気抵抗測定では電気抵抗が $\rho=0$ にならなくても，フラックスの超伝導転移温度で小さな段差となって現れることが多い．

フラックスを除くのに化学研磨 (chemical polishing) がある．酸を使うのであるが，まずは塩酸：水=1：1 にひたしてみる．反応が弱いときは，硝酸：水=1：1 で試みるというのが基本ではなかろうか．Sn の場合は上記でよいだろう．1 ~ 3 時間浸すのが普通である．反応が強いと肝心の化合物も溶かしてしまうので，時間を置いて観察する必要がある．Al では 25 ml 硫酸，70 ml リン酸，5 ml 硝酸で，以下 Cd と Zn (75 ml 硝酸，25 ml 水)，Pb (20 ml 過酸化水素，80 ml 氷酢酸) などである．

X 線ラウエ法で方位を決めて試料への整形をするとき，フラックスから取り出した試料で方位が決められるなら化学研磨はしないでそのままで決めて，ケロシン油中で放電加工機で切断した方がよいだろう．その上で，必要があれば化学研磨する．あるいは，整形後，表面のフラックスをエメリー紙などで落とすなどを行う．化学研磨は簡単なようで難しく，化合物に影響を及ぼす恐れがある．化学研磨したあとはアセトンで水分を完全になくすことが重要である．原材料を化学研磨する必要性に迫られることも多いかと思う．粉末は一般的に無理であるが，固まりのときは酸化している部分をナイフやグラインダーで削り落とす．Ce などの軽希土類金属では硝酸：水 =3：7 で化学研磨し，ただちに水洗いを繰り返すとよい．

図 4.27 (a) は In フラックス法で育成した超ウラン化合物の立方晶 $PuIn_3$ の

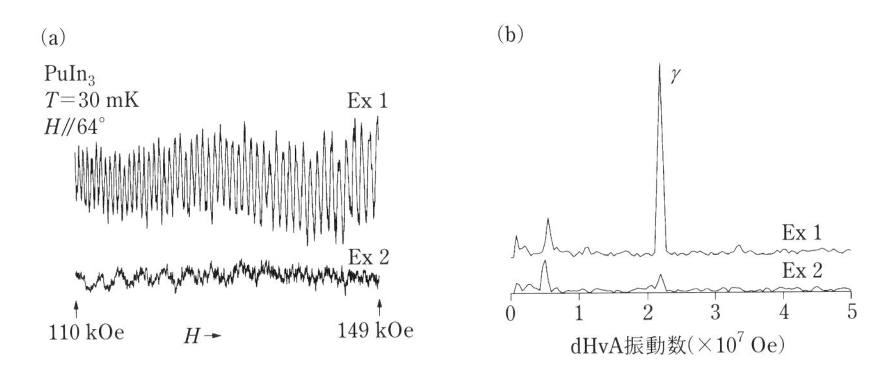

図 4.27 (a) 立方晶 $PuIn_3$ のドハース-ファンアルフェン振動と (b) そのフーリエスペクトル．Ex2 は Ex1 の測定後 9 日経って測定された [41)]．

ドハース-ファンアルフェン (de Haas-van Alphen，略して dHvA) 振動とそのフーリエスペクトルである．dHvA 振動というのは磁化に現れた量子振動である [41)]．

この dHvA 実験からフェルミ面の形状が決定される．図 4.27 (b) のピークは dHvA 振動のフーリエスペクトルでピークを示す横軸の dHvA 振動数 F は磁場で表現されているが，フェルミ面の極大または極少のフェルミ面の断面積に対応する．主として 2 つのピークが観測されるが，この中で 2.2×10^7 Oe の γ ブランチはサイクロトロン質量 (cyclotron mass) が $4.8m_0$ と比較的重く，$PuIn_3$ のフェルミ面を反映していると考えられる．ここで，m_0 は電子の静止質量である．注目したいのは，図 4.27 (a) の Ex1 と書かれた実験後，9 日後に再び行った Ex2 実験ではこの γ ブランチの振幅は著しく減少している．これは，^{239}Pu が α 線 (He の原子核) を放出して ^{235}U に α 崩壊するため点欠陥が生まれる．その結果，この 9 日間に蓄積された点欠陥で γ ブランチの dHvA 振動の振幅が減少したと判断された．一方，5.5×10^6 Oe のブランチの振動振幅，すなわち図 4.27 (b) のピークの高さに変化はない．これは $PuIn_3$ の中に In の不純物が入り込んでいて，その In は単結晶であり，それが dHvA 振動として検出されたと考えた．ほんのわずかの In 不純物が dHvA

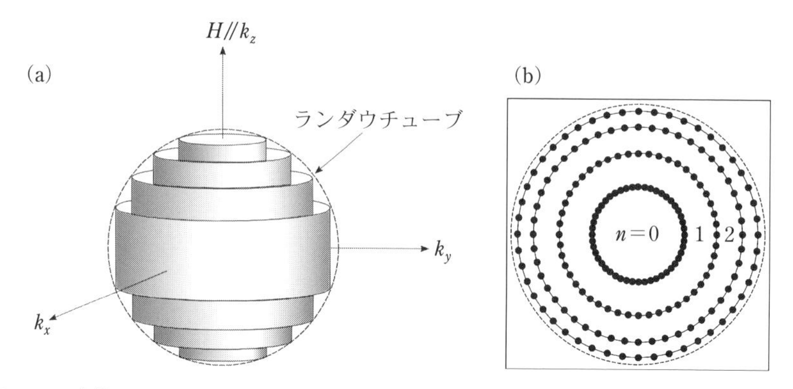

図 4.28　球状フェルミ面に磁場 H ($//\,k_z$) を印加したときの (a) ランダウチューブと (b) k_z=0 でのランダウリング.

実験で検出されるのである.

ここで，球状フェルミ面の z 軸方向に磁場 H を加えると

$$\varepsilon = \frac{\hbar^2}{2m^*}(k_x^2 + k_y^2 + k_z^2) \qquad H=0 \tag{4.40}$$

$$\varepsilon = \frac{\hbar^2 k_z^2}{2m^*} + \left(n + \frac{1}{2}\right)\hbar\omega_c \quad H//k_z \tag{4.41}$$

$$\omega_c = \frac{eH}{m^* e} \tag{4.42}$$

となる．n=0, 1, 2, … であり，ω_c をサイクロトロン角振動数 (cyclotron frequency) と呼ぶ.

球状フェルミ面は図 4.28 (a) のランダウチューブ (Landau tube) と呼ばれる離散的なシリンダー状フェルミ面に変わる．k_z=0 のときの図 4.28 (b) のランダウリング (Landau ring) を考えよう．磁場が増大すると一番外側の n=3 のランダウリングは径が大きくなり，やがてフェルミ面から外側に出ることになる．そのとき一番外側のランダウリング上の電子は n=0, 1, 2 の各リングに等分配されるので，エネルギー状態が大きく変化する．この変動が磁化

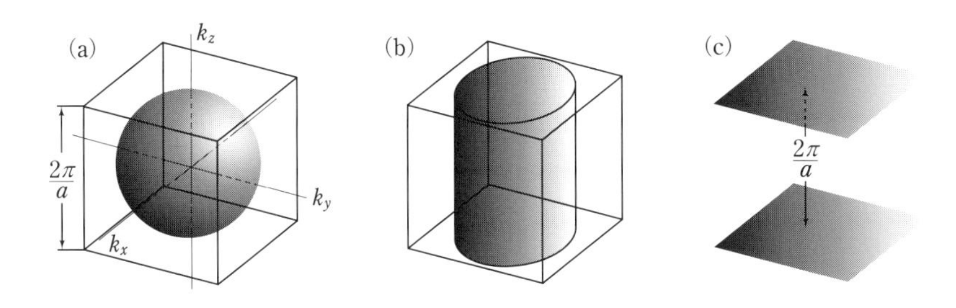

図 4.29 (a) 球状フェルミ面，(b) シリンダー状フェルミ面，(c) 2 枚の平板フェルミ面．

M に反映した振動が dHvA 振動であり，球状フェルミ面では $k_z=0$ の極大値の断面付近が主として寄与するため，極大値の面積が dHvA 振動として検出される．一般的には極大と極小の断面積が検出される．

フェルミ面の形状を意識した物質開発について次に述べる．3 次元での球状フェルミ面は図 4.29 (a) に示すように

$$\varepsilon_{\mathrm{F}}=\frac{\hbar^2k_x^2}{2m^*}+\frac{\hbar^2k_y^2}{2m^*}+\frac{\hbar^2k_z^2}{2m^*} \tag{4.43}$$

である．つまり電子は $\hbar k_x=m^*v_x$，$\hbar k_y=m^*v_y$，$\hbar k_z=m^*v_z$ のどの方向にも等しく $\boldsymbol{v}=(v_x,\ v_y,\ v_z)$ の速度を持って運動することを意味している．もしも $v_z=0$ となって，伝導電子が xy 平面でしか動けなかったら

$$\varepsilon_{\mathrm{F}}=\frac{\hbar^2k_x^2}{2m^*}+\frac{\hbar^2k_y^2}{2m^*} \tag{4.44}$$

となる．これを 3 次元的に描くと図 4.29 (a) の球状フェルミ面は図 4.29 (b) のシリンダー状フェルミ面になるだろう．さらに z 軸方向しか動けないと

$$\varepsilon_{\mathrm{F}}=\frac{\hbar^2k_z^2}{2m^*} \tag{4.45}$$

$$k_z=\pm\frac{\sqrt{2m^*\varepsilon_{\mathrm{F}}}}{\hbar} \tag{4.46}$$

と図 4.29 (c) に示す 2 枚の平板フェルミ面に変わる．

C, H, N などからなる有機導体と異なり，通常の金属化合物で完全なシリ

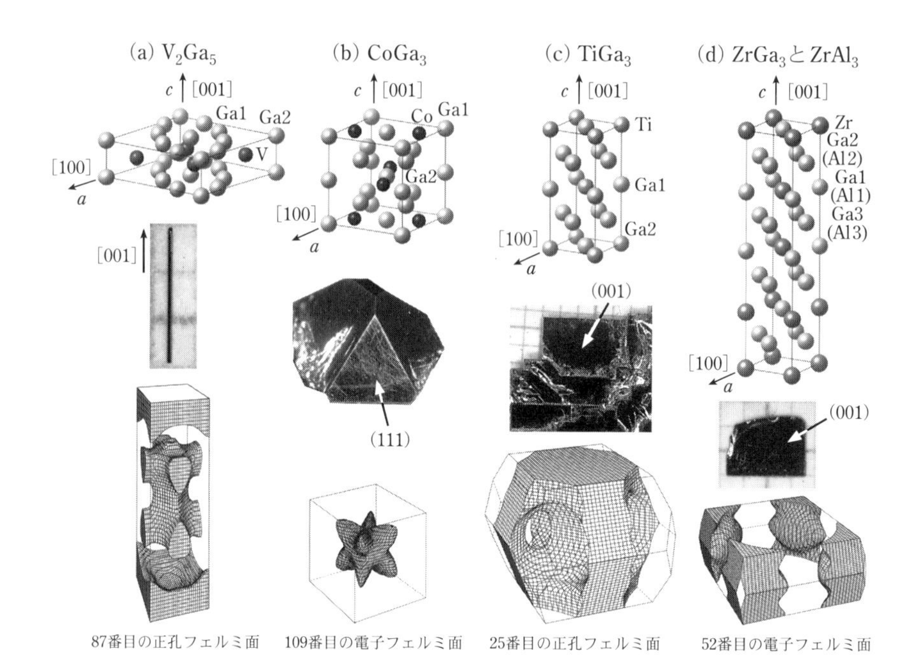

図 4.30　正方晶化合物 (a) V_2Ga_5, (b) $CoGa_3$, (c) $TiGa_3$, (d) $ZrGa_3$ と $ZrAl_3$ の結晶構造，その単結晶およびフェルミ面 [42].

ンダー状フェルミ面や平板フェルミ面を持つ金属を創出することは難しい．結晶構造からそういう化合物に近いものを探すことはできるかもしれない．図 4.30 には状態図から Ga フラックス法で簡単に単結晶が育成できる化合物が選ばれている [42]．これらはすべて正方晶の化合物である．4 種類の化合物とその特徴あるフェルミ面は以下の通りである．

1) V_2Ga_5 ($P4/mbm$, No.127) の格子定数は a=8.936 Å, c=2.683 Å であり，正方晶の c 軸方向が極端に短い．これは c 軸方向の各電子の波動関数の重なりが強く，c 軸方向によい電気伝導度をもたらすと推測される．事実，波うった平板状のフェルミ面がバンド理論から明らかにされた．この平板状フェルミ面は極大や極小の閉じた軌道をもたないので dHvA 振動は見出せないが，ブリルアンゾーンの中心にあるフェルミ面は dHvA

で観測され，バンド理論との一致度もよい．ブリルアンゾーンの k_z 方向の長さは $2\pi/c$ であり，c が極端に短いので，逆に $2\pi/c$ は極端に長い．それを反映してか，単結晶も[001]方向の c 軸に細長いウィスカー状である．

2) $CoGa_3$ ($P4_2/nnm$，No.136) は正方晶だが，a=6.230 Å，c=6.431 Å と立方晶に近い．そのためか，立方晶ではしばしば見られる (111) 面で形成されるピラミッド状の単結晶である．そのフェルミ面も図 1.2 (b) に示した典型的な $AuCu_3$ 型の立方晶で知られる Ni_3Ga のフェルミ面によく似ている．

3) $TiGa_3$ ($I4/mmm$，No.139) は a=3.789 Å，c=8.734 Å の典型的な正方晶の $ThCr_2Si_2$ 型と同じである (図 1.2 (a) 参照)．したがって，c 面，すなわち (001) 面の平らな面を持つ板状の単結晶で，そのフェルミ面も $ThCr_2Si_2$ 型の YCu_2Si_2 のフェルミ面によく似ている．

4) 最後の $ZrGa_3$ ($I4/mmm$，No.139，a=3.965 Å，c=17.461 Å) と $ZrAl_3$ ($I4/mmm$, No.139, a=3.999 Å, c=17.283 Å) は c 軸が極端に長い．したがって，ブリルアンゾーンの c 軸方向は短くなり，凹凸のあるシリンダー状フェルミ面が生まれる．単結晶試料は (001) 面の c 面がめだつ平板状である．

V_2Ga_5 の平板状フェルミ面や $ZrGa_3$ ($ZrAl_3$) のシリンダー状フェルミ面は波うっている，あるいは凹凸があって 3 次元的なフェルミ面であるため，パイエルス転移 (Peierls instability) や電荷密度波 (charge density wave，CDW) などのフェルミ面が消滅するような現象は起きていない．パイエルス転移は有機化合物などで[43)]，また CDW は 1T-TaS_2 などで見出されている[44)]．

4.9 ブリッジマン法

ブリッジマン (Bridgman) 法はるつぼの中の融体の一部を固化させ，その固化がるつぼの全体に広がって単結晶を促す方法である．そのとき，発熱体を降下させることによって固化を行う方法と，るつぼの支持台を降下させる

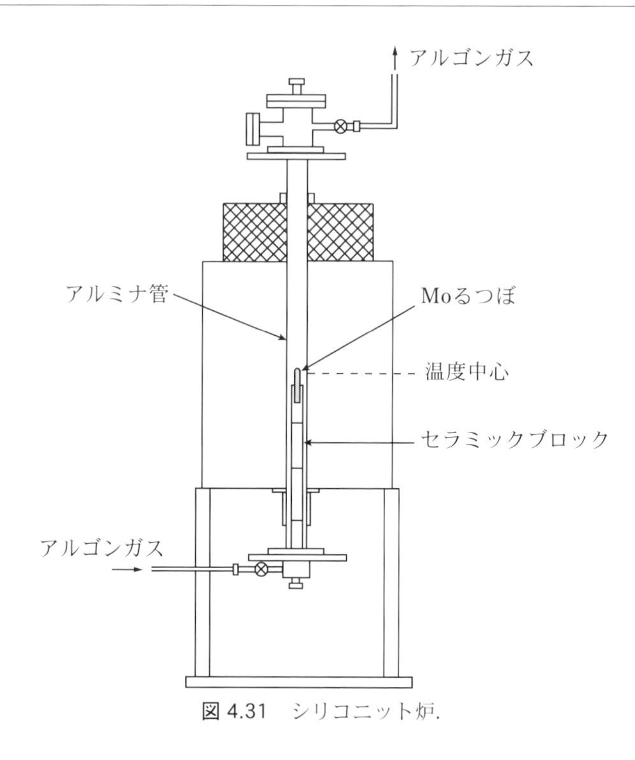

図 4.31　シリコニット炉.

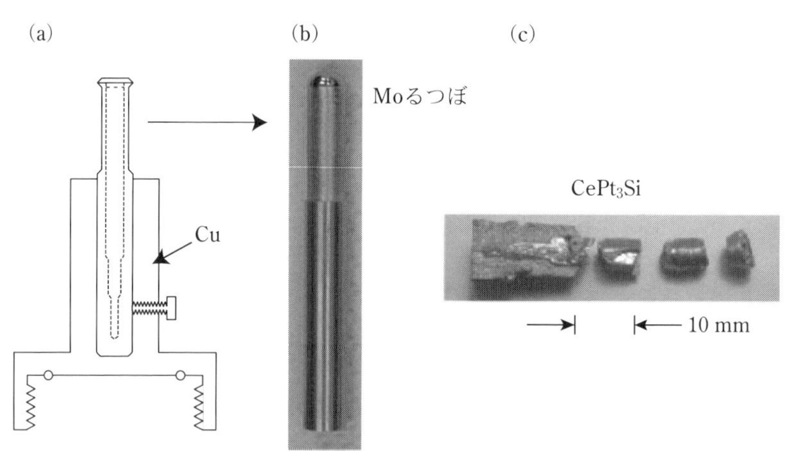

図 4.32　(a) テトラアーク溶解で Mo るつぼのふたを密閉するための銅製の治具．その中に原材料の入ったMoるつぼをセットする．(b) 密閉されたMoるつぼ．(c) ブリッジマン法で育成された $CePt_3Si$ の単結晶.

方法の2つがある．どちらでも本質的には同じである．温度勾配のある縦型電気炉に原材料の入ったるつぼをセットし，発熱体やるつぼの移動は行わず，融体にしたのち，温度を少しずつ減少させて下端から固化させて単結晶を育成させることも広義のブリッジマン法である．

炉の装置はすべて縦型になる．発熱体としては第3章の電気炉の製作で述べた，たとえば黒鉛(C，最高使用温度2600℃)を用いれば2000℃の炉が可能であるが，市販の実用炉では使用最高温度は1800℃ぐらいであろう．その他，ケイ化モリブデン($MoSi_2$, 1800℃)，炭化ケイ素(SiC, 1600℃)を発熱体にすれば高温の炉が製作できる．図4.31に炭化ケイ素発熱体を使ったシリコニット炉を示す．

さて，この装置を使った$CePt_3Si$の単結晶育成をのべる．この化合物は結晶反転対称性の破れた正方晶化合物で，その超伝導に興味が持たれた化合物である．$LaPt_3Si$はテトラアーク溶解炉を使ってチョクラルスキー法で単結晶育成が可能であった．一方，$CePt_3Si$はその方法では単結晶育成ができなかった．そこで，ブリッジマン法を使用した．しかし，PtとSiは融点の高い原材料なので，セラミックのるつぼや石英管も使用できない．そこで，るつぼはモリブデンMoを使用した．まず，原材料をアーク溶解して$CePt_3Si$の多結晶をつくり，それを砕いてMoるつぼに入れて，アルゴン雰囲気で図4.32(a)に示す銅製の治具にセットしてテトラアーク溶解炉でMoのふたを溶融密封した(図4.32(b)参照)．図4.31のシリコニット炉にセットし，1350℃からの炉冷で単結晶を育成した．次にMoるつぼの中の単結晶をとり出すには旋盤でMoを削ることになる．とり出した単結晶試料が図4.32(c)である[45]．およそ20℃ぐらいの温度勾配を利用したブリッジマン法である．この$CePt_3Si$の場合はすべてが一つの単結晶であった．

ここでるつぼについて触れておきたい．上記のMoるつぼはMoの丸棒を切削・加工して，図4.33の(a)や(b)のように整形することが可能である．ブリッジマン法での育成で，るつぼの底から融体が固化することを考え，底部の部分を細くしている．(c)は市販のアルミナるつぼである．これ

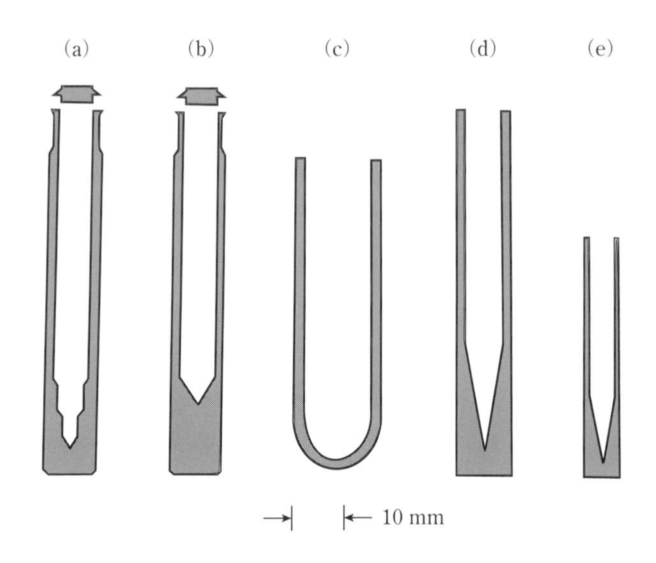

図 4.33　各種のるつぼ．(a) と (b) はブリッジマン法で使用される Mo るつぼ．(c) は普通のアルミナるつぼ．(d) はブリッジマン育成でのアルミナるつぼで，(e) はイットリアるつぼ．

は化合部物を固溶したり，フラックス法などで用いられる．化合物の融点が 1200℃以下で蒸発の心配がないときは，Mo るつぼを使用する必要はないので，(d) のような形状のアルミナるつぼ (alumina crucible) を使用して，ブリッジマン法での育成が可能である．アルミナるつぼと化合物の融体が反応するときや，融点が 1200℃以上のときは，(e) のイットリアるつぼ (yettrium crucible) が使用される．また, BN も加工しやすく, るつぼとして使用される．

結晶反転対称性の破れた化合物の超伝導や磁性は興味深い．二, 三の例を示すと，前述の $CeIrSi_3$ は正方晶 [001] 方向に結晶反転対称性を持たず，ラシュバ (Rashba) 型と呼ばれる．結晶反転対称性の破れを反映してフェルミ面は 2 つに分裂し，一つのフェルミ面上の電子のスピンは [001] 方向に対して時計回り，もう一つのフェルミ面では反時計回りに旋回する．その結果，$H/\!/[001]$ のときは超伝導を担う電子のスピンは磁場方向に垂直なため，超伝

導上部臨界磁場 H_{c2} に常磁性効果がはたらかず，T_{sc}=1.5 K にもかかわらず $H_{c2} \simeq$ 400 kOe (=40 T) と極めて大きい値を示すことになる[46]．

キラル (chiral) と呼ぶ結晶反転対称性の破れた MnSi や EuPtSi ではジャロシンスキー－守谷相互作用でゼロ磁場ではヘリカル磁性を示すが，ある磁場領域でスキルミオン (あるいはスカーミオン，skirmion) と呼ぶ興味ある磁気相が出現する[47]．

希土類化合物の中で，蒸気圧が問題になるのは Eu, Sm, 重希土類金属で，中でも Yb である．ここでは Eu 化合物について述べる[47]．図 4.34 に正方晶 EuT_2Si_2 (T：遷移金属)，EuT_2Ge_2, $EuGa_4$, $EuNi_2P_2$ と立方晶の EuPtSi, $EuPd_3$

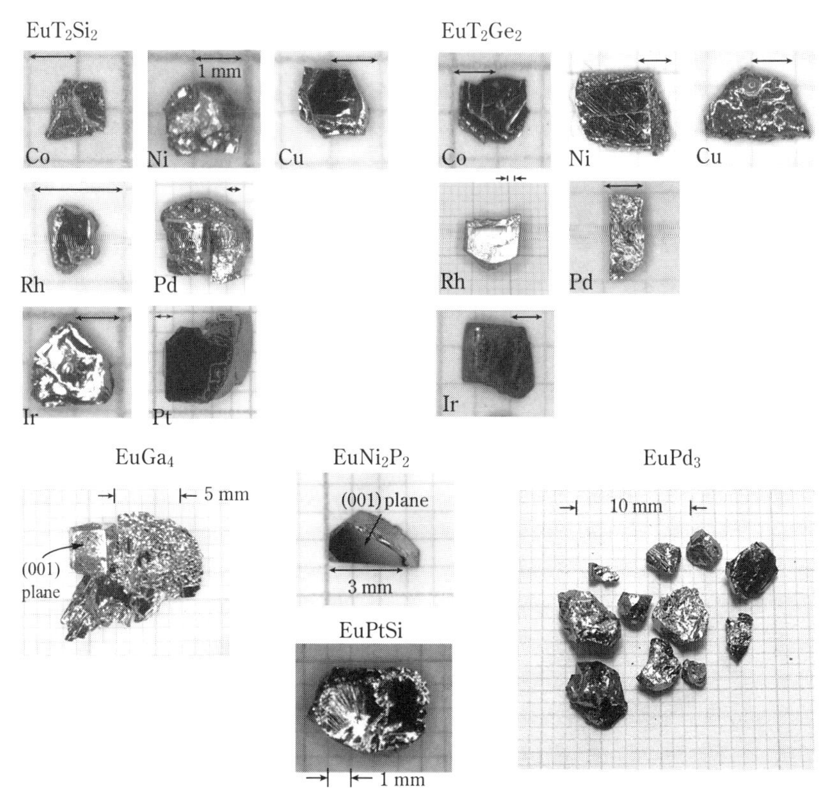

図 4.34　各種 Eu 化合物の単結晶[47]．

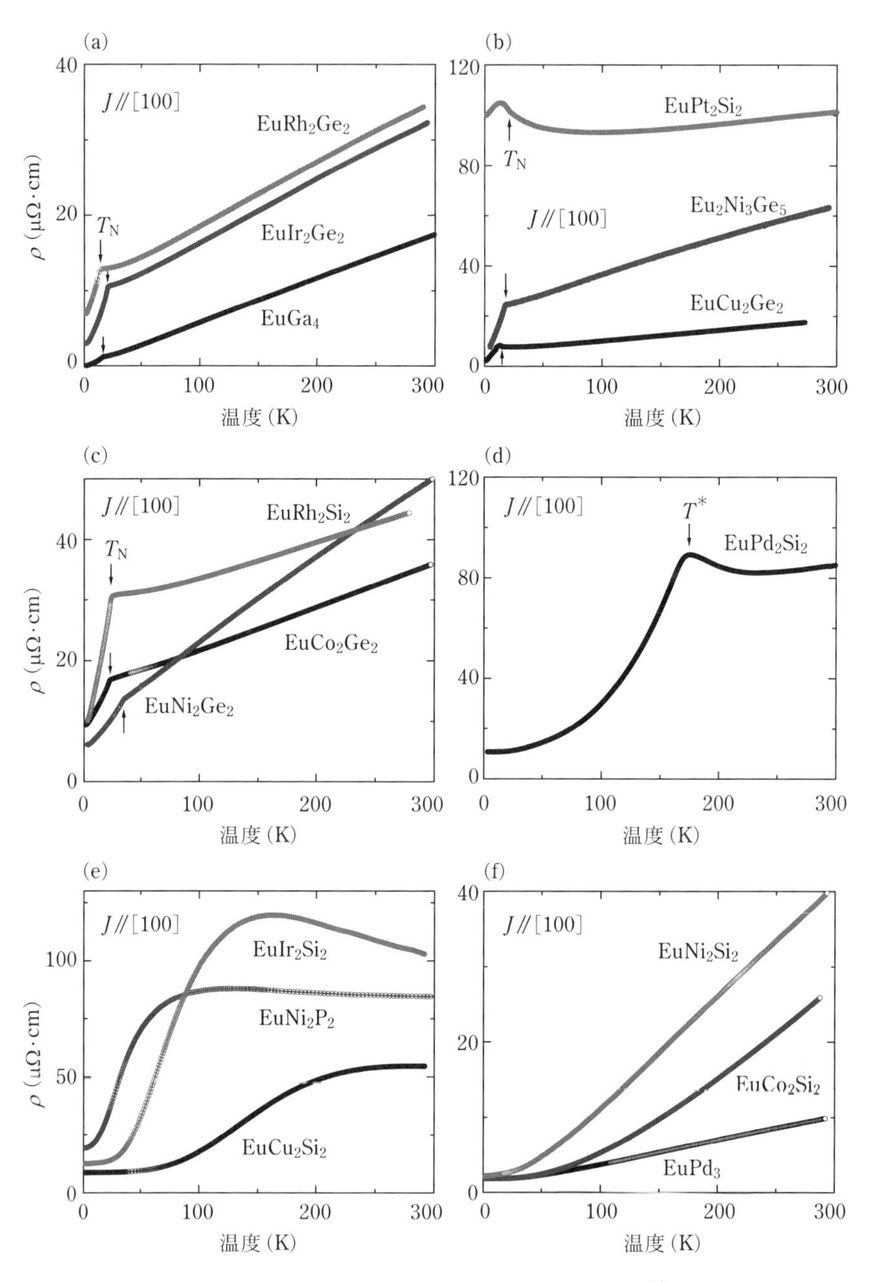

図 4.35　各種 Eu 化合物の電気抵抗の温度依存性[47].

の単結晶を示す．この中で $EuGa_4$ が Ga の自己フラックス法，$EuPt_2Si_2$, $EuRh_2Ge_2$, $EuNi_2Ge_2$ は In フラックス，$EuNi_2P_2$ が Sn フラックス，他は上述のような Mo るつぼを使ったブリッジマン法（最高温度 1500℃）である．Eu は表面をナイフで削ることが可能であるが，ただちに酸化してしまうため，たとえば磁気スキルミオンを示す EuPtSi では Pt と Si をアーク溶解してそれを砕く．アルゴンガスで満たされたグローブボックス中で Eu の表面をナイフで削って清浄化し，Mo るつぼ中にその Eu の小さな塊と PtSi の粒を交互に入れてふたをする．ふたの密封はテトラアーク溶解炉で行い，前述の温度勾配によるブリッジマン法で単結晶を育成した．それが図 4.34 に示す単結晶インゴットである．

それらの化合物の電気抵抗の温度依存性を図 4.35 に示す．Eu には Eu^{2+} ($4f^7$: $L=0$, $S=J=7/2$，有効ボーア磁子数 $\mu_{\rm eff}=7.94\ \mu_{\rm B}$/Eu，飽和磁気モーメント $g_J J=7\ \mu_{\rm B}$/Eu) と Eu^{3+} ($4f^6$, $S=L=3$, $J=0$, $g_J J=0$) がある．大部分の Eu 化合物は 2 価の磁性体であり，図 4.35 の (a) ～ (c) の化合物である．一方，Eu^{3+} あるいは Eu^{3+} に近い化合物は図 4.35 (f) に示すような $EuPd_3$ などの化合物であり，その途中の (d) の $EuPd_2Si_2$ は $T^* \simeq 170$ K 以下で 2 価からすこし離れた電子状態から Eu^{3+} に近い状態に価数転移する．(e) の $EuNi_2P_2$ などは近藤効果に基づく重い電子系化合物である．電気抵抗のブロードな山に相当する温度が近藤温度 $T_{\rm K}$ である．

4.10 化学輸送法と蒸気析出法

化学輸送（ケミカルトランスポート，chemical transport）法では，電気炉の製作で述べたような左右で温度差がつけられる横型の電気炉を使用する．その中に合成したい化合物の粉末とキャリアガスが入った石英管を図 4.36 (a) のようにセットする．化合物としては S, Se, P, As など蒸発しやすい元素を含む化合物が適している．キャリアガスとしては，ヨウ素 (I_2)，臭素 (Br_2) などのハロゲンガスが一般的である[48]．

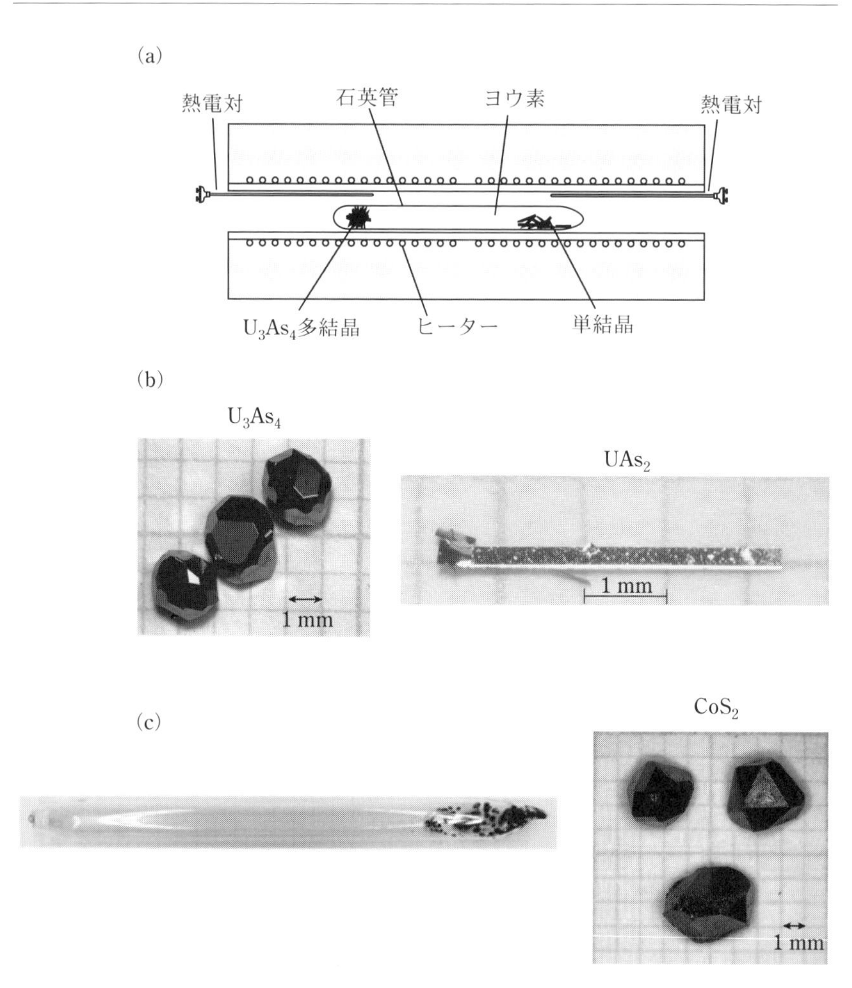

図 4.36　(a) 化学輸送法用の2段の電気炉と育成された (b) U_3As_4 と UAs_2，および (c) CoS_2.

たとえば，TaS_2 の場合には，Ta の粉末とSの組成比に余分のSを 1 mg/cm^3 加えて，石英管に真空封入し，5日間ぐらいかけてゆっくり 970℃まで昇温し，2日間保持して，室温に徐冷する．このとき，石英管の長さはおよそ 20 cm ぐらいで，原材料は横にセットした石英管に一様に分布させる．ここで，Sの 1 mg/cm^3 の意味は，用いた石英管の体積が 30 cm^3 であれば，30

mg の S を余分に加えることである．このようにしてできた TaS_2 を乳鉢で細かく粉砕し，この TaS_2 の粉末と I_2 を石英管に入れる．粉末が石英管を汚さないように，紙を丸めた細長い筒を利用する．I_2 の量はおよそ 3 ～ 5 mg/cm^3 である．真空封入にあたっては，I_2 がバーナーの熱と真空引きで飛んでいかないようにガーゼを水にひたし原料が置かれたあたりの石英管をおおうとよいだろう．あるいは液体窒素でガーゼを冷やすと確実である．

TaS_2 の場合には，高温側にセットされた TaS_2（固体，s）が高温度 T_1（=920℃）に対応した分圧の TaI_5（ガス，g）と S_2（g）に蒸発し，それらが低温側（温度 T_2=820℃）に移動し，TaS_2(s) を析出する．つまり，高温端で次のハロゲン化物を経る．

$$TaS_2 \rightarrow Ta(g) + S_2(g) \tag{4.47}$$

$$Ta(g) + \frac{5}{2}I_2 \rightarrow TaI_5 \tag{4.48}$$

そして，低温端で

$$TaI_5(g) + S_2(g) \rightarrow TaS_2(s) + \frac{5}{2}I_2(s) \tag{4.49}$$

の反応が少しずつ進行し，TaS_2 の単結晶成長がゆっくりと進行する．一般的には 10 ～ 20 日間，温度勾配がついたまま電気炉は保持される．ここで，初期の温度コントロールとして石英管内を I_2 ガスで汚さないように，室温から温度上昇させるとき原料をセットした側を低温にして，結晶成長側を高温にする．つまり，育成過程とは逆の温度差で上昇させる．上記の反応は吸熱反応なので，T_2 側をおよそ 100℃下げた温度にしたが，発熱反応の場合には原料端を低温に，結晶成長端を高温側にする必要がある．

TaS_2 には 1T-TaS_2 とか 2H-TaS_2 などの結晶構造の異なる多形があり，育成端の 820℃から水に急冷すると 1T-TaS_2 が，炉冷すると 2H-TaS_2 が育成される．石英管は 900℃付近から水冷しても割れることはない．しかし，取り扱いによっては爆発する恐れもある．簡単な方法としてはステンレス棒に石英管をステンレス線でしばりつけておく．ステンレス棒は電気炉から外側に出ているので，温度を正確に知るため石英管の両端にはアルメル-クロメルの熱電対もつけておく．水冷はバケツに水を満たし，石英管と熱電対をしばりつけたステンレス棒を水に一気に浸す．なお，層状化合物の $1T\text{-}TaS_2$ は CDW が発現する典型物質として知られる．つまり，CDW の発現する 180 K 以下でフェルミ面が完全に消滅して半導体になる[49]．さらに低温での電気伝導度がアンダーソン局在 (Anderson localization) を示すことで知られている[50]．

粉末の原材料をあらかじめ準備することは反応を促進するのに好ましいが，そうでない例としてウラン化合物での化学輸送法の例を示す．ウランの塊と As，あるいはウランと P，およびキャリアガスの I_2 を石英管に封入して，一様な温度の炉で温度 T_1 まで 4 ～ 7 日かけて反応させ，その後温度差をつける．立方晶の U_3As_4 では育成端での温度 T_1=975℃，原料端での温度 T_2=925℃であり，正方晶の UAs_2 では T_1=900℃，T_2=750℃である．ウランの場合は単結晶の育成端を高温にする必要がある．図 4.36 (b) に示すように立方晶の U_3As_4 では小さな粒状の，UAs_2 ではウィスカー状の細長い単結晶が多数育成される[51, 52]．育成時間はおよそ 20 日間である．単結晶の質は良くて，U_3As_4 では ρ_0=0.5 μΩ·cm，RRR=700，UAs_2 では ρ_0=0.29 μΩ·cm，RRR=580，同様に育成した P 化合物はもっと良くて，U_3P_4 では ρ_0=0.24 μΩ·cm，RRR=1600，UP_2 で ρ_0=0.11 μΩ·cm，RRR=2900 である．

パイライト (FeS_2) 型の CoS_2 では $CoBr_2$ の粉末をキャリアガスとして使用する[53]．$CoBr_2$ は高温で Br_2 ガスとなる．キャリアガスは Br_2 ガスである．Co 粉末と S で作った CoS_2 の粉末を原料端 (T_1=700℃) にセットし，育成端は T_2=640℃である．単結晶の質は良くて，ρ_0=0.42 μΩ·cm，RRR=410 である．通常原料のすべてが単結晶になることはなく，ある程度，ときにはかなり残るものである．図 4.36 (c) のごとく，CoS_2 の場合，すべての原料が小さなピラミッド型の粒として単結晶化する．

キャリアガスを用いなくても，たとえば PbS, PbSe, PbTe では原料端 T_1=800℃，育成端 T_2=750℃で単結晶が育成される[54]．この場合も原材料はすべて育成端側に単結晶として育成される．ここで原材料は，たとえばPbSの場合は，PbSの多結晶を粉末化したものである．これがガス（蒸発）化して，低温端に堆積して単結晶になる．上述の化学輸送法では，多結晶のTaS_2の粉末が高温端でガス（蒸気）のハロゲン化合物になり，低温端にTaS_2の固体で堆積して結晶化した．ハロゲン化合物を経るか，そのままかの違いである．PbSのような場合は化学輸送法（chemical transport method）といわず，the distillation methodとかthe vapor deposition methodと呼んだりする．ここでは，蒸気析出法と呼ぶことにする．

この方法でα-Mnの単結晶を育成した例がある[55]．Mnはα, β, γ, δとよぶ4相の格子変態がある．α相は742℃以下で安定な単位胞当たり58個の原子を含む複雑な体心立方格子である．Mnは融点T_m=1246℃，沸点T_b=2061℃であるが，蒸気圧が高く，955℃の固体の状態で1 Pa，1074℃で10 Pa，1220℃で100 Paである．Mnの原材料を真空に引きながら約1200℃に加熱し，Mnの蒸気がα相の温度あたりのところに堆積して単結晶化する．そのサイズはほどよい大きさで長さ10 mmで2×2 mm^{2}である．格子変態を伴ってδ相からα相に変わると，種々な格子欠陥が導入されるので，ブリッジマン法での単結晶育成は好ましくない．この蒸気析出法は見事な単結晶育成といえるであろう．なお，α-Mnの単結晶はPbフラックス法でも育成されている[56]．Mn-Pbの状態図を見ると，確かにMnの単結晶が得られることがわかる．つまり，図2.4のSiをMnとみなし，共晶点をPbとした状態図である．Pbの液相にMnが溶け込み，温度を降下させて液相線にぶつかるとMnが析出することになる．Pb以外にもBiなどのフラックスでも単結晶が得られると思われる．

以上，いくつかの化合物での育成例を挙げたが，化学輸送法でのチェックポイントはT_1とT_2の温度設定とキャリアガスである．これは試行錯誤で行うしかないだろう．温度差はおよそ50～100℃で，キャリアガスは毒性のものを避けると選択肢はほとんどない．化学輸送法のよいところは，比較的良質な単結晶が得られることである．試してみる価値は大いにある．

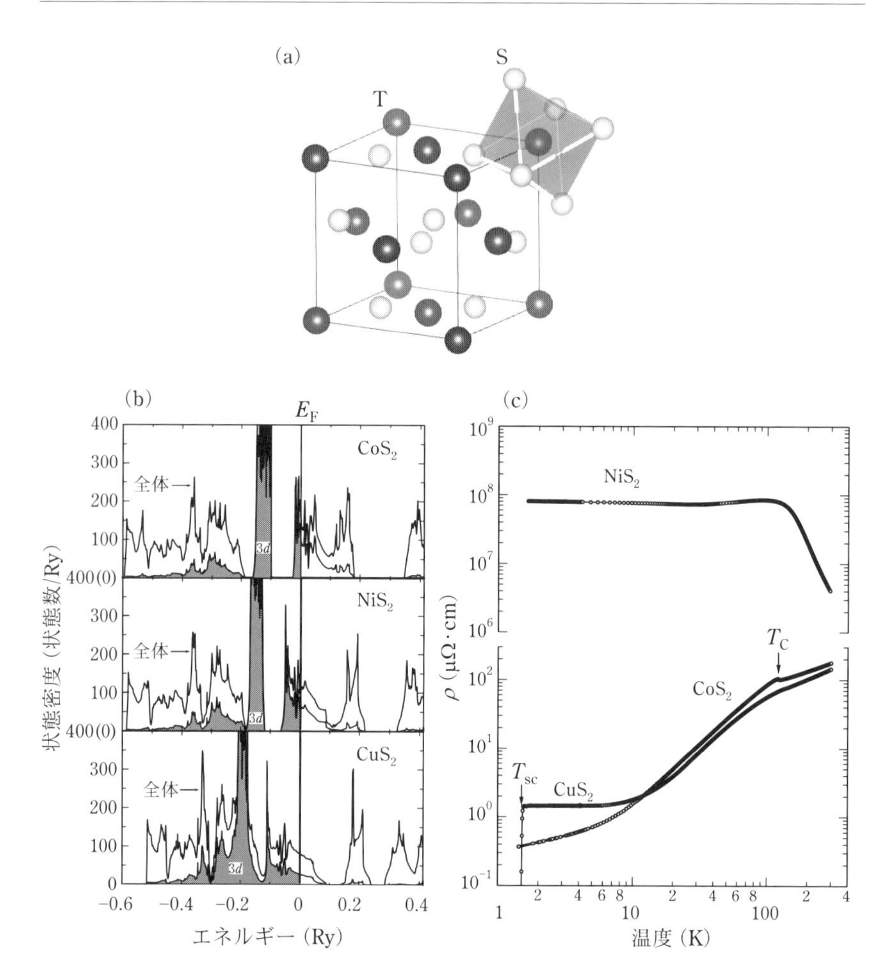

図 4.37　(a) 立方晶パイライト化合物の結晶構造と (b) 常磁性状態での CoS_2, NiS_2, CuS_2 の 3*d* 電子の部分状態密度と他の電子の寄与も入れた全体の状態密度（播磨尚朝氏の好意による），および (c) それらの電気抵抗の温度依存性[53, 57]．

ここでの締めくくりとして，パイライト化合物の電子相関について考えてみよう[53]．上述の CoS_2 は図 4.37 (a) に示すような立方晶パイライト (FeS_2, No.205) 型化合物の一つで，NaCl の結晶構造に近い．遷移金属の T は Na と同じで面心立方晶の位置にある．S の対 (S_2) の中心が Cl の位置である．単位胞は 4 分子の CoS_2 から構成される．Co 原子は 6 個の S 原子で取り囲まれることになる．その結晶場効果で $3d$ 電子は t_{2g} (xy, yz, zx の 6 個の占有状態) と e_g (x^2-y^2, $3z^2-r^2$ の 4 個の占有状態) に分裂する．図 4.37 (b) に全体と $3d$ 電子の部分状態密度図が示されているが，t_{2g} は e_g より下の準位にあって，バンド幅の狭い状態である．一方，e_g 準位はその電子分布が S に向かって拡がっているので S-$3p$ と混成しバンド幅が広い．パイライト (FeS_2) では 6 個の $3d$ 電子は t_{2g} をすべて占めて絶縁体となる．次の遷移金属の Co ではもう 1 個の $3d$ 電子が e_g の 1/4 を占めて ($t_{2g}^6e_g^1$)，次の NiS_2 ($t_{2g}^6e_g^2$) は半分を占め，次の CuS_2 ($t_{2g}^6e_g^3$) は 3/4 を占め，最後の ZnS_2 ($t_{2g}^6e_g^4$) は完全に満たされるので再び絶縁体となる．つまり，FeS_2 と ZnS_2 はバンド絶縁体であり，CoS_2 と CuS_2 は金属である [53, 57]．問題は NiS_2 が金属でなくて絶縁体のことである．バンド理論では説明できない [58]．

これは電子相関の問題として，$3d$ 電子が隣り合う $3d$ 電子に飛び移る度合いと，$3d$ 電子間のクーロン反発力に関係し，モット絶縁体 (Mott insulator あるいは Mott–Hubbard isulator) として議論された．その結果，NiS_2 では e_g バンドは半分に分裂してエネルギーギャップが形成されて絶縁体となる．図 4.37 (c) の NiS_2 は絶縁体としての電気抵抗を示している．圧力を加えると一般的にバンド幅を広げてとび移りの度合いを加速すると考えられる．事実，モット絶縁体の NiS_2 に圧力を加えると 3 GPa 付近から金属状態になり，3.8 GPa で dHvA 振動が観測され，$6m_0$ の比較的重いフェルミ面が見出されている [58]．なお，類似のフェルミ面が強磁性体 CoS_2 (キュリー温度 T_C=122 K, 磁気モーメント 0.9 μ_B) で見出されていて，そのサイクロトロン質量は 13 m_0 である [53]．CoS_2 の電気抵抗が図 4.37 (c) に示されている．なお，CuS_2 は T_{sc}=1.5 K の超伝導体である．

$3d$ 電子系のフェルミ面を担っているのは主として $3d$ 電子なので，伝導電子は $3d$ 電子である．一方，$3d$ 電子系は磁気モーメントを持っているので，強磁性や反強磁性体となる．$3d$ 電子系が金属的性質を示すのはある大きさのバンド幅があってのことであるが，自由に動けると言うわけでなく $3d$ 電子間にはクーロン反発力があるので，お互いに避け合って動いているといっ

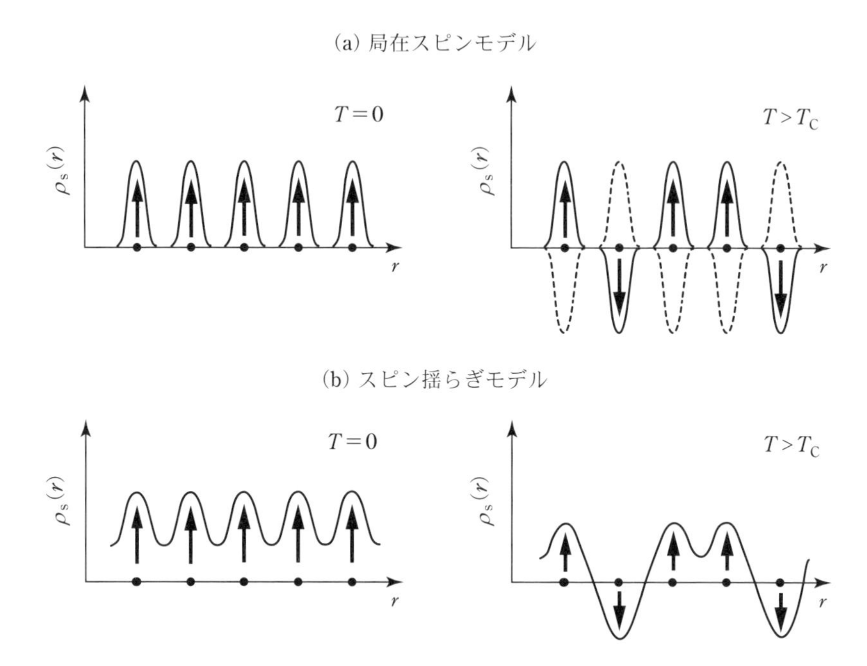

図 4.38　0 K での 3*d* 電子の (a) 局在，(b) 遍歴状態を示すスピン密度の空間変化（志賀正幸氏の好意による）．

ていいだろう．この 3*d* 電子系の伝導と磁性を明らかにした理論の一つが自己無撞着なスピンの揺らぎの理論（self-consistent renormalization theory, SCR）である[59, 60]．SCR 理論の簡単な描像を図 4.38 に示す．＋スピンをもつ 3*d* 電子の波動関数 $\psi_{\uparrow}(\boldsymbol{r})$ と－スピンの波動関数 $\psi_{\downarrow}(\boldsymbol{r})$ の差であるスピン密度 $\rho_s(\boldsymbol{r})$ $(=|\psi_{\uparrow}(\boldsymbol{r})|^2-|\psi_{\downarrow}(\boldsymbol{r})|^2)$ は空間変化していることになる．もしも 3*d* 電子が各遷移金属サイトに局在して，その磁気モーメントが図 4.38 (a) に示すように一方向にそろっていれば強磁性となる．このような局在した 3*d* 電子系の金属が存在することは少なくて，実際の 3*d* 電子系の金属は図 4.38 (b) のように，3*d* 電子間には相互作用がある．つまり電子相関のある遍歴電子系である．スピン波の熱的励起やスピンの揺らぎを考慮し，SCR 理論は強磁性から弱い強磁性そして常磁性にいたるまで統一的に金属磁性（反強磁性も含

め）を説明している．

4.11 圧力合成と圧力による物質開発

前述の CuS_2 は常圧では存在しない化合物である．温度 800 ~ 900℃，5 GPa の高圧力下で育成された．S（T_m=115℃，T_b=445℃）は融点，沸点とも低いので物質合成が難しいと一見思われるが，実際はそうでもない．たとえば，立方晶の $Rh_{17}S_{15}$ という状態図から包晶系と思われる化合物がある．Rh の粉末と S の粉末を一様に混合し，プレスしてペレットをつくる．それをアルミナるつぼに入れて石英管に真空封入し，1150℃まで 1 週間ぐらいかけて昇温し，比較的純良な単結晶が得られている[61]．S や P などで化合物になると安定する場合がある．

一般的に圧力を加えると固体は収縮し，元素の融点は上昇する．その結果，新たな化合物が固相として登場することになる．常圧では CuS_2 は Cu-S の状態図上では存在しなく，813℃以上で液相であるが高温高圧で固相として存在する．

圧力合成または高圧合成（high-pressure synthesis of crystals）では，試料セルをキュービックアンビル装置で静水圧に近い圧力で加圧する．試料セルの内部はカーボンヒーターで高温を保持する．圧力の単位として GPa が使われ，1 Pa=1 N/m^2 のことで，1 気圧が 10^5 Pa，1 GPa=10^9 Pa である．このような高圧力は図 4.39（a）に示す WC 製の超硬合金アンビルの先端面を小さくすることによって発生させる．アンビルは上下，左右，前後の 6 方向から 600 トンクラスの油圧ポンプで試料セルをプレスして 5 GPa の高圧力を得ている．

次に試料セルであるが，図 4.39（b）に示すように，中心に円筒状の穴があいた 18×18×18 mm^3 のパイロフェライトブロックが圧力媒体となる．穴にはカーボン（黒鉛）ヒーター，Mo シート電極，BN 筒，そして原材料がセットされる．試料空間は直径 6.5 mm，高さ 8 mm である．ここでは BN はるつ

(a)

(b)

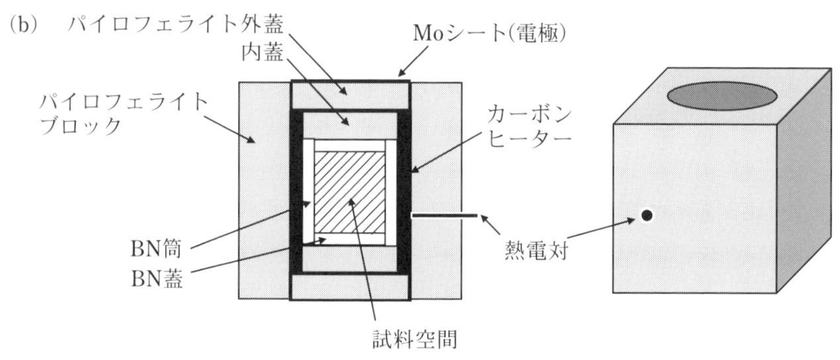

図 4.39 (a) キュービックアンビルシステムと (b) 試料セル（松田達磨氏の好意による）.

ぼのような役割で，BN と試料とが反応しないという前提の下に使用されている．圧力の較正は Bi や Te の相転移で較正し，直径 0.2 mm のアルメル・クロメル熱電対から温度を読み取る．

CuS_2 の高圧合成では，平衡状態図から CuS は存在することがわかっているので，まず CuS をつくる．粉末の Cu と粉末の S を一様に混合し，プレスしてペレットをつくり，アルミナるつぼに入れて石英管に真空封入し，490℃まで上昇させ，温度を降下して CuS を合成する．この CuS を粉砕し，S を加えて混合し，プレスしてペレットをつくる．このペレットを上記の試料セルにセットし，温度 800 ~ 900℃，5 GPa で合成した．最高圧付近で長時間保持できないので，正味 1 日ぐらいで圧力合成は終了する．パイロフェ

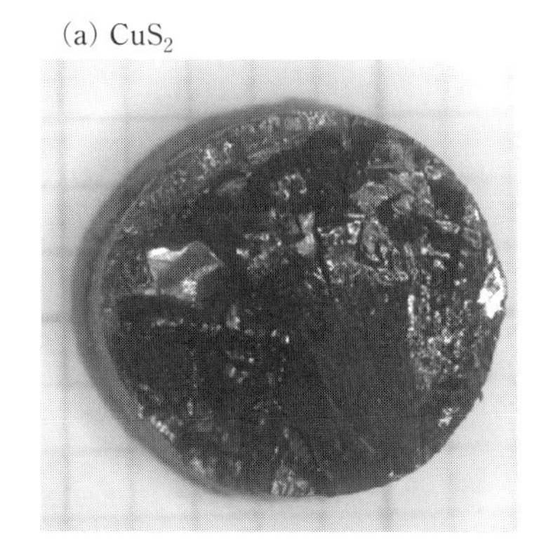

図 4.40　高圧合成で育成された (a) CuS_2 と (b) $CuSe_2$ [57].

ライトブロックは加圧後におよそ 1 mm ぐらい縮む．同様に合成した $CuSe_2$ とともに図 4.40 に示す [57]．CuS_2 は少し黒味がかった紫色で，$CuSe_2$ は青色である．このインゴットの中から方位を出して $1.2 \times 1.2 \times 2.5\ mm^3$ の単結晶を得ることができる．

高圧合成は簡単にできそうもない化合物に対してチャレンジするのによい手法である．圧力は結晶構造を変化させる以外に，電子状態を変える有効な手段であり，新たな物質開発の手段ともいえるだろう．圧力セルにはピストンシリンダー (piston cylider) 圧力セル，ブリッジマンアンビル (Bridgman anvil) セル，キュービックアンビル (cubic anvil) セル，そしてダイヤモンドアンビル (diamond anvil) セルが使われている．最高圧力はそれぞれ，3, 7, 8 ~ 16, 20 ~ 200 GPa である．圧力の増大とともに試料空間，それに伴い試料サイズも著しく小さくなってゆく．圧力の研究者は水素金属，そして超伝導発見を目標にしているようで，現在水素化合物の超伝導発見が相ついでいる．硫化水素 (H_2S) から派生した H_3S の 150 GPa での T_{sc}=203 K の超伝導 [62]，LaH_{10} の 150 GPa での T_{sc}=250 K の超伝導である [63]．

遷移金属化合物を含め，Ce などの希土類化合物では磁気秩序温度 T_{mag} が低温であること，近藤効果なども関与し，圧力で $T_{mag} \to 0$ にする可能性が

ある．RKKY に基づく磁気秩序温度 T_{RKKY} は

$$T_{\mathrm{RKKY}} \sim J_{\mathrm{cf}}^2 D(\varepsilon_{\mathrm{F}}) \tag{4.50}$$

であり，一方近藤温度 T_{K} は

$$T_{\mathrm{K}} \sim e^{-\frac{1}{|J_{\mathrm{cf}}|D(\varepsilon_{\mathrm{F}})}} \tag{4.51}$$

である．$|J_{\mathrm{cf}}|D(\varepsilon_{\mathrm{F}})=x$ とおくと，$T_{\mathrm{RKKY}} \sim x^2$，一方 $T_{\mathrm{K}} \sim e^{-\frac{1}{x}}$ なので，図 4.41

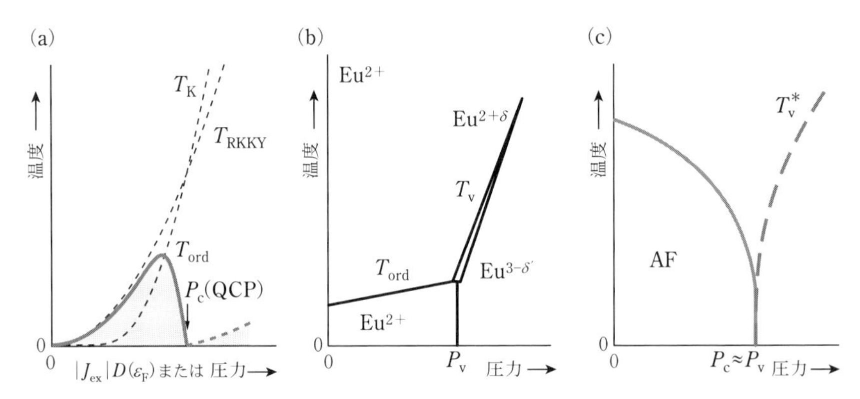

図 4.41　(a) ドニアック相図，(b) 1 次の価数転移を示す圧力–温度相図，そして (c) ドニアック相図と鋭い価数のクロスオーバーが同時に起きたときの圧力–温度相図．

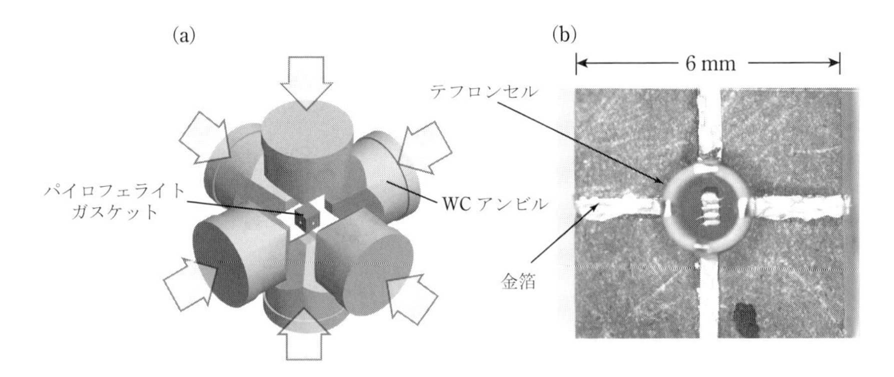

図 4.42　(a) キュービックアンビルセルと (b) 試料セル．テフロンセルの中の 4 端子の電気抵抗の試料と金箔の配線，そして外側のパイロフェライトガスケット（上床美也氏の好意による）．

(a) のように指数関数の近藤効果が RKKY に基づく磁気秩序に打ち勝って $T_{mag} \to 0$ にすることが可能である．この相図をドニアック (Doniach) の相図と呼び，$|J_{cf}|D(\varepsilon_F)$ は実験的には圧力 P に対応する．

高圧合成のときのキュービックアンビルセルとまったく同じであるが，低温物性測定の場合を図 4.42 (a) と (b) に示す．WC のアンビルで 8 GPa までの圧力実験が可能である．6×6×6 mm^3 のパイロフェライト製のガスケットの中にはテフロンのカプセルがあり，そこに 4 端子をつけた電気抵抗用の大きさ 0.3×0.3×0.8 mm^3 の試料がセットされる．電気抵抗測定の 4 端子を 4 方向に出してその上に厚さ 0.02 mm の金箔をかぶせ，その金箔をガスケットの側面から出す．テフロンのカプセルの中は圧力媒体のフロリナートで満たす．このキュービックアンビルを使った実験例を以下に示す．

正方晶の $CeRhIn_5$ を含めて多くの Ce 化合物は反強磁性体で $T_N \to 0$ にすることが，ピストンシリンダーの 3 GPa 以内で可能である．$T_N \to 0$ の状態を量子臨界点 (quantum critical point) と呼ぶ．量子臨界点近傍では温度とは無関係なスピンの揺らぎが発達し，重い電子状態を形成し，しばしば超伝導も発現する [64, 65]．

一方，図 4.41 (b) はいくつかの Eu 化合物で見られる圧力–温度相図であり，1 次の価数転移が起こる．たとえば $EuRh_2Si_2$ は 2 価 (Eu^{2+}，$4f^6$: $L=0$,

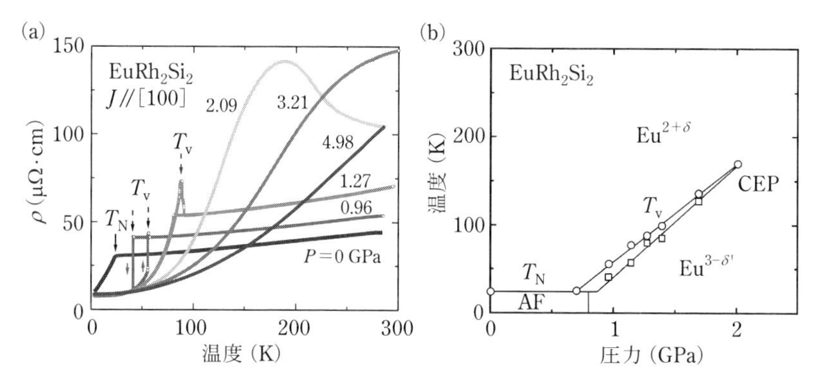

図 4.43 (a) $EuRh_2Si_2$ の圧力下の電気抵抗の温度依存性と (b) その圧力–温度相図 [66]．

$S=J=7/2$) に近い電子状態で $T_N=23$ K の反強磁性体であるが，約 1 GPa 以上で 2 価から価数がずれた状態 ($Eu^{2+\delta}$, $\delta<1$) から 3 価に近い状態 ($Eu^{3-\delta'}$, $\delta'<1$) に，1 次の価数転移を起こす[66]．それが図 4.43 (a) に，電気抵抗の温度依存性として示されている．1 次の相転移が終わる圧力と温度が臨界終点 (critical end point，CEP) で，それは $P=2.09$ GPa の電気抵抗である．$P=4.98$ GPa になると 3 価 (Eu^{3+}, $4f^6$：$S=L=3$, $J=0$) に近い電気抵抗といってよいだろう．$EuRh_2Si_2$ の圧力–温度相図を図 4.43 (b) に示す．

ドニアック相図と価数転移というか，鋭く価数が変化する現象が同時に起こるケースもあり，それが図 4.41 (c) である．反強磁性体 ($T_N=15$ K)

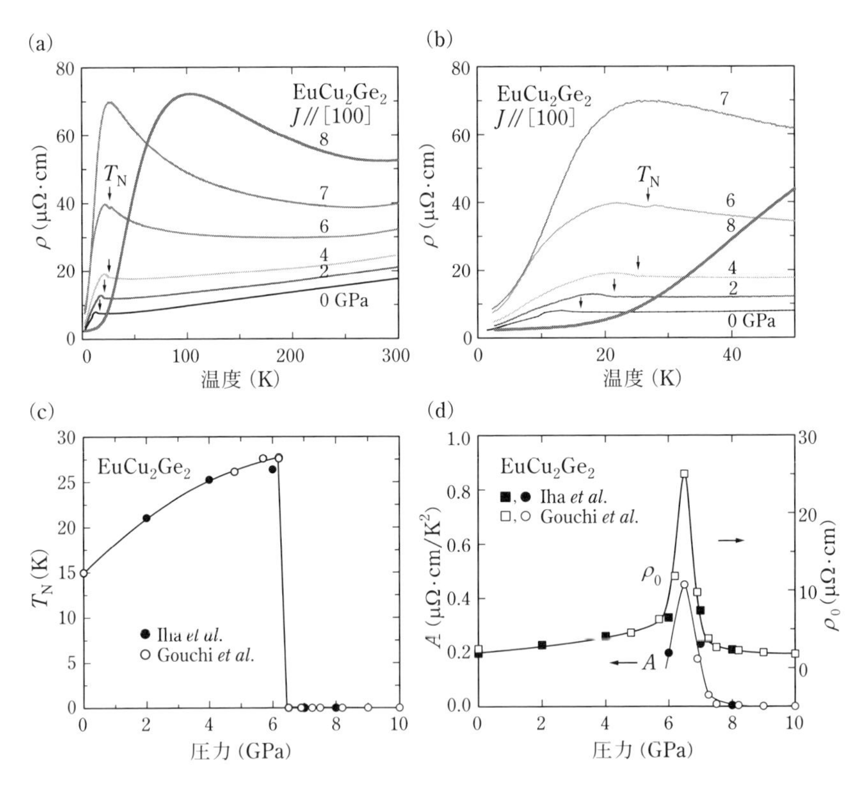

図 4.44　(a) $EuCu_2Ge_2$ の圧力下の電気抵抗の温度依存性と (b) その低温部分，(c) ネール点の圧力依存，そして (d) 低温の電気抵抗 $\rho=\rho_0+AT^2$ の ρ_0 と A の圧力依存性[47, 67]．

$EuCu_2Ge_2$ が当てはまり，その電気抵抗の温度依存性，ネール点 T_N の圧力依存性，低温での電気抵抗の温度依存性 $\rho=\rho_0+AT^2$ の A 値と残留抵抗値 ρ_0 の圧力依存性を図 4.44 に示す[47, 67]．ネール点が 6 GPa から 6.5 GPa で急激にゼロになり，6.5 GPa で A や ρ_0 の値が鋭いピークになっていることに注目されたい．6.5 GPa が量子臨界点になっていて，大きな A と ρ_0 に反映されている．上述の低温での $\rho=\rho_0+AT^2$ はこれまで何度か触れたフェルミ液体論の式であり，$T=0$ での磁化率 $\chi(0)$ および電子比熱係数 γ と $\sqrt{A}\sim\chi(0)\sim\gamma$ の関係がある．6.5 GPa で $\gamma=510$ mJ/(K^2·mol) と推定される．なお，格子欠陥等の散乱による残留抵抗値は $P=0$ GPa で 2 μΩ·cm であり，6.5 GPa での極めて大きな残留抵抗値 $\rho_0=26$ μΩ·cm は主として電子相関が反映したものである．このように一つの化合物で圧力を変化させるといろいろな電子状態が出現することになる．圧力は新たな物質開発の有効な手段である．

参考文献

1) 日本結晶成長学会「結晶成長ハンドブック」編集委員会，日本結晶成長学会：結晶成長ハンドブック（共立出版，1995）．
2) NIMS 物質・材料データベース：http://mits.nims.go.jp/
3) E. Yamamoto, Y. Haga, Y. Inada, M. Murakawa, Y. Ōnuki, T. Maehira, and A. Hasegawa: J. Phys. Soc. Jpn. **68**, 3953 (1999).
4) N. Kimura, R. Settai, Y. Ōnuki, H. Toshima, E. Yamamoto, K. Maezawa, H. Aoki, and H. Harima: J. Phys. Soc. Jpn. **64**, 3881 (1995).
5) Y. Okuda, Y. Miyauchi, Y. Ida, Y. Takeda, C. Tonohiro, Y. Oduchi, T. Yamada, N. D. Dung, T. D. Matsuda, Y. Haga, T. Takeuchi, M. Hagiwara, K. Kindo, H. Harima, K. Sugiyama, R. Settai, and Y. Ōnuki: J. Phys. Soc. Jpn. **76**, 044708 (2007).
6) Y. J. Sato, H. Harima, A. Nakamura, A. Maurya, Y. Shimizu, Y. Homma, D. Li, F. Honda, and D. Aoki: JPS Conf. Proc. **30**, 011171 (2020).
7) M. Hedo, Y. Inada, K. Sakurai, E. Yamamoto, Y. Haga, Y. Ōnuki, S. Takahashi, M. Higuchi, T. Maehira, and A. Hasegawa: Philo. Mag. B **77**, 975 (1998).
8) Y. Tokiwa, H. Harima, D. Aoki, S. Nojiri, M. Murakawa, K. Miyake, N. Watanabe, R. Settai, Y. Inada, H. Sugawara, H. Sato, Y. Haga, E. Yamamoto, and Y. Ōnuki: J. Phys.

Soc. Jpn. **69**, 1105 (2000).

9) J. Kondo: Prog. Theor. Phys. **32**, 37 (1964).

10) A. Sumiyama, Y. Oda, H. Nagano, Y. Ōnuki, K. Shibutani, and T. Komatsubara: J. Phys. Soc. Jpn. **55**, 1294 (1986).

11) K. Yosida: Phys. Rev. **147**, 223 (1966).

12) L. Landau: Sov. Phys. JETP **3**, 920 (1957).

13) L. Landau: Sov. Phys. JETP **5**, 101 (1957).

14) L. Landau: Sov. Phys. JETP **8**, 70 (1959).

15) K. Nishimura, M. Kakihana, F. Suzuki, T. Yara, M. Hedo, T. Nakama, Y. Ōnuki, and H. Harima: Physica B: Cond. Matt. **536**, 643 (2018).

16) T. Komatsubara, N. Sato, S. Kunii, I. Oguro, Y. Furukawa, Y. Ōnuki, and T. Kasuya: J. Magn. Magn. Mater. **31-34**, 368 (1983).

17) Y. Ōnuki, T. Komatsubara, P. H. P. Reinders, and M. Springford: J. Phys. Soc. Jpn. **58**, 3698 (1989).

18) T. Tanaka and S. Otani: Progr. Crystal Growth and Charact. **16**, 1 (1988).

19) Y. Yoshida, A. Mukai, R. Settai, K. Miyake, Y. Inada, Y. Ōnuki, K. Betsuyaku, H. Harima, T. D. Matsuda, Y. Aoki, and H. Sato: J. Phys. Soc. Jpn. **68**, 3041 (1999).

20) Z. Q. Mao, Y. Maenoab, and H. Fukazawa: Mater. Res. Bull. **35**, 1813 (2000).

21) M. Hedo, Y. Inada, E. Yamamoto, Y. Haga, Y. Ōnuki, Y. Aoki, T. D. Matsuda, H. Sato, and S. Takahashi: J. Phys. Soc. Jpn. **67**, 272 (1998).

22) J. Bardeen, L. N. Cooper, and J. R. Schrieffer: Phys. Rev. **108**, 1175 (1957).

23) 佐藤勝昭：“金色の石に魅せられて”，（裳華房，1990）.

24) H. E. Nigh: J. Appl. Phys. **34**, 3323 (1963).

25) Y. Haga, T. Honma, E. Yamamoto, H. Ohkuni, Y. Ōnuki, M. Ito, and N. Kimura: Jpn. J. Appl. Phys. **37**, 3604 (1998).

26) 天谷喜一，清水克哉，鈴木直，大貫惇睦：固体物理, **36**, 809 (2001).

27) K. Shimizu, T. Kimura, S. Furomoto, K. Takeda, K. Kontani, Y. Ōnuki, and K. Amaya: Nature **412**, 316 (2001).

28) 畠 脩三，森 克徳，佐藤清雄：固体物理, **16**, 89 (1981).

29) 大蔵明光：金属表面技術, **24**, 587 (1973).

30) 大石修治，宍戸統悦，手嶋勝弥：フラックス結晶成長のはなし（日刊工業新聞社, 2010).

31) P. C. Canfield and I. R. Fisher: J. Cryst. Growth **225**, 155 (2001).

32) M. G. Kanatzidis, R. Pöttgen, and W. Jeitschko: Angew. Chem. Int. Ed. **44**, 6996 (2005).

33) P. C. Cantield: Rep. Prog. Phys. **83**, 016501 (2019).

34) N. V. Hieu, T. Takeuchi, H. Shishido, C. Tonohiro, T. Yamada, H. Nakashima, K. Sugiyama, R. Settai, T. D. Matsuda, Y. Haga, M. Hagiwara, K. Kindo, S. Araki, Y. Nozue, and Y. Ōnuki: J. Phys. Soc. Jpn. **76**, 064702 (2007).

35) N. D. Dung, Y. Ota, K. Sugiyama, T. D. Matsuda, Y. Haga, K. Kindo, M. Hagiwara, T. Takeuchi, R. Settai, and Y. Ōnuki: J. Phys. Soc. Jpn. **78**, 024712 (2009).

36) T. Takeuchi, Y. Haga, T. Taniguchi, W. Iha, Y. Ashitomi, T. Yara, T. Kida, T. Tahara, M. Hagiwara, M. Nakashima, Y. Amako, M. Hedo, T. Nakama, and Y. Ōnuki: J. Phys. Soc. Jpn. **89**, 034705 (2020).

37) F. Steglich, J. Aarts, C. D. Bredl, W. Lieke, D. Meschede, W. Franz, and H. Schäfer, Phys. Rev. Lett. **43**, 1892 (1979).

38) S. Seiro, M. Deppe, H. Jeevan, U. Burkhardt, and C. Geibel: Phys. Status Solidi (b) **247**, 614 (2010).

39) Y. Ōnuki, Y. Furukawa, and T. Komatsubara: J. Phys. Soc. Jpn. **53**, 2197 (1984).

40) S. Nüttgens, F. Büllesfeld, S. Reutzel, D. Finsterbusch, and W. Assmus: Cry. Res. Technol. **32**, 1073 (1997).

41) Y. Haga, D. Aoki, H. Yamagami, T. D. Matsuda, K. Nakajima, Y. Arai, E. Yamamoto, A. Nakamura, Y. Homma, Y. Shiokawa, and Y. Ōnuki: J. Phys. Soc. Jpn. **74**, 2889 (2005).

42) A. Teruya, M. Takeda, A. Nakamura, H. Harima, Y. Haga, K. Uchima, M. Hedo, T. Nakama, and Y. Ōnuki: J. Phys. Soc. Jpn. **84**, 054703 (2015).

43) 福山秀敏：日本物理学会誌 **31**, 614 (1976).

44) 大貫惇睦, 稲田ルミ子, 鈴木邦夫, 市原正樹, 田沼静一：固体物理 **15**, 66 (1980).

45) T. Yasuda, H. Shishido, T. Ueda, S. Hashimoto, R. Settai, T. Takeuchi, T. D Mat-suda, Y. Haga, and Y. Ōnuki: J. Phys. Soc. Jpn. **73**, 1657 (2004).

46) R. Settai, Y. Miyauchi, T. Takeuchi, F. Lévy, I. Sheikin, and Y. Ōnuki: J. Phys. Soc. Jpn. **77**, 073705 (2008).

47) Y. Ōnuki, M. Hedo, and F. Honda: J. Phys. Soc. Jpn. **89**, 102001 (2020).

48) M. Binnewies, R. Glaum, M. Schmidt, and P. Schmidt: *Chemische Transportreaktionen* (De Gruyter, Berlin, Boston, 2011).

49) R. Inada, Y. Ōnuki, and S. Tanuma: Phys. Lett. A **69**, 453 (1979).

50) R. Inada, Y. Ōnuki, and S. Tanuma: J. Phys. Soc. Jpn. **52**, 3536 (1983).

51) Y. Inada, P. Wiśniewski, M. Murakawa, D. Aoki, K. Miyake, N. Watanabe, Y. Haga, E. Yamamoto, and Y. Ōnuki: J. Phys. Soc. Jpn. **70**, 558 (2001).

52) P. Wiśniewski, D. Aoki, K. Miyake, N. Watanabe, Y. Inada, R. Settai, Y. Haga, E.

Yamamoto, and Y. Ōnuki: Physica B **281-282**, 769 (2000).

53) A. Teruya, F. Suzuki, D. Aoki, F. Honda, A. Nakamura, M. Nakashima, Y. Amako, H. Harima, M. Hedo, T. Nakama, and Y. Ōnuki: J. Phys. Soc. Jpn. **85**, 064716 (2016).

54) S. Kawakatsu, K. Nakaima, M. Kakihana, Y. Yamakawa, H. Miyazato, T. Kida, T. Tahara, M. Hagiwara, T. Takeuchi, D. Aoki, A. Nakamura, Y. Tatetsu, T. Maehira, M. Hedo, T. Nakama, and Y. Ōnuki: J. Phys. Soc. Jpn. **88**, 013704 (2019).

55) N. Kunitomi, T. Yamada, Y. Nakai, and Y. Fujii: J. Appl. Phys. **40**, 1265 (1969).

56) T. Sato, K. Akiba, S. Araki, and T. C. Kobayashi: JPS Conf. Proc. **30**, 011030 (2020).

57) M. Kakihana, T. D. Matsuda, R. Higashinaka, Y. Aoki, A. Nakamura, D. Aoki, H. Harima, M. Hedo, T. Nakama, and Y. Ōnuki: J. Phys. Soc. Jpn. **88**, 014702 (2019).

58) S. Friedemann, H. Chang, M. B. Gamża, P. Reiss, X. Chen, P. Alireza, W. A. Coniglio, D. Graf, S. Tozer, and F. M. Grosche: Sci. Rep. **6**, 25335 (2016).

59) T. Moriya: J. Magn. Magn. Mater. **14**, 1 (1979).

60) 志賀正幸：磁性入門（内田老鶴圃，2007）p.105.

61) R. Settai, K. Katayama, H. Muranaka, T. Takeuchi, A. Thamizhavel, I. Sheikin, and Y. Ōnuki: J. Phys. Chem. Solids **71**, 700 (2010).

62) A. P. Drozdov, M. I. Eremets, I. A. Troyan, V. Ksenofontov, and S. I. Shylin: Nature **525**, 73 (2015).

63) M. Somayazulu, M. Ahart, A. K. Mishra, Z. M. Geballe, M. Baldini, Y. Meng, V. V. Struzhkin, and R. J. Hemley: Phys. Rev. Lett. **122**, 027001 (2019).

64) H. Shishido, R. Settai, H. Harima, and Y. Ōnuki: J. Phys. Soc. Jpn. **74**, 1103 (2005).

65) Y. Ōnuki and R. Settai: Low. Temp. Phys. **38**, 89 (2012).

66) F. Honda, K. Okauchi, A. Nakamura, D. Li, D. Aoki, H. Akamine, Y. Ashitomi, M. Hedo, T. Nakama, and Y. Ōnuki: J. Phys. Soc. Jpn. **85**, 063701 (2016).

67) J. Gouchi, K. Miyake, W. Iha, M. Hedo, T. Nakama, Y. Ōnuki, and Y. Uwatoko: J. Phys. Soc. Jpn. **89**, 053703 (2020).

第5章　おわりに

図4.30で示したように，Gaの自己フラックス法を用いて，正方晶のV_2Ga_5, $CoGa_3$, $TiGa_3$，そして$ZrGa_3$を育成した．aに比べて正方晶のcが極端に短いV_2Ga_5はウィスカー状の単結晶が成長し，1次元的な平板状のフェルミ面が形成された．一方，c値が極端に長い$ZrGa_3$では平板状の単結晶が育成され，円柱状のフェルミ面であった．フラックス法では，その化合物の結晶構造がよく反映された単結晶が育成される．

立方晶の$AuCu_3$型のUX_3 (X：Si, Ge, Sn, Pb) の系列もおもしろい．Si, Ge, Sn, Pbの4価のイオン半径は0.39, 0.44, 0.74, 0.84 Åであり，原子の電子数が増大するとイオン半径は大きくなる．当然，立方晶$AuCu_3$型を形成すると，この順番で格子定数のa値は大きくなる．格子定数はUSi_3で4.035 Å, UGe_3で4.206 Å, USn_3で4.626 Å, UPb_3で4.792 Åである．アクチノイドU化合物の5f電子は，希土類化合物の局在4f電子系よりは，遷移金属のスピン揺らぎの遍歴電子としての3d電子に近い．そのため格子定数のa値が短いと，5f電子の波動関数が空間的に重なり合いバンドを形成するだろう．事実USi_3の場合5f電子はSiの3p電子とよく混成し，幅の広いバンドを形成する．図5.1はUX_3の格子定数aと電子比熱係数γの関係をプロットしたものである．USi_3のγ値は小さい．では格子定数が極端に大きくなったとして，頭の中で5f電子を引き離したら単純には5f電子は局在することが予想される．そこまで行かない途中の過程を図5.1は示している．少し引き離すと電子相関が生まれ，γ値が増大することをUSn_3が示している．γ=170 mJ/(K^2·mol)の重い電子系である．もう少し引き離すと，それがUPb_3であり，

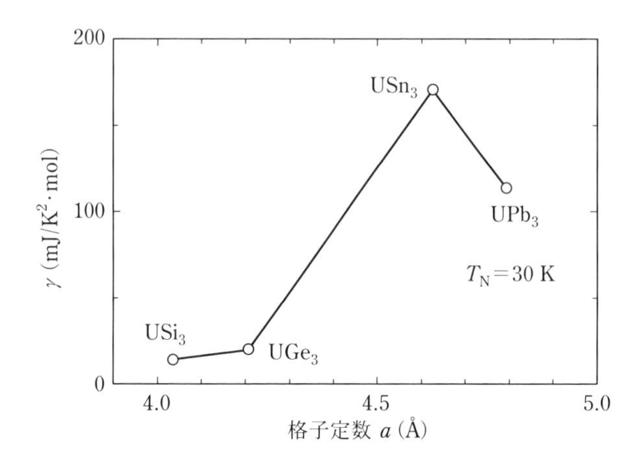

図 5.1　立方晶 $AuCu_3$ 型の UX_3 の格子定数 a と電子比熱係数 γ の関係.

T_N=30 K の反強磁性になり U サイトに磁気モーメントが生まれ，$5f$ 電子は $6p$ 電子と混成したバンドも形成する.

USn_3 と UPb_3 の間に位置する格子定数 a の値の化合物 UX_3 が存在したら，それはきっと USn_3 より γ 値が大きいと予想される．それは $U(Sn_xPb_{1-x})_3$ において，x を変えると出現するかもしれない．あるいは，反強磁性体の UPb_3 に圧力を加えて $T_N \to 0$ にすることも可能で，そこが量子臨界点になり，重い電子状態となるだろう．つまり，反強磁性体になる寸前の量子状態が重い電子状態である．f 電子，あるいは d 電子は伝導電子になって結晶中ではお互いに避け合うように運動する．それが電子相関である．ゆっくり動けばそれだけ伝導電子の有効質量は大きくなる．つまり，重い電子系になる.

もう少し，重い電子系の意味を考えてみよう．そこで波数 k_F の球状フェルミ面を考える．その有効質量を m^* とする．運動量は

$$\hbar k_F = m^* v_F \tag{5.1}$$

となり，伝導電子のフェルミ速度 v_F が導かれる．そのフェルミ面の大きさは変わらず，近藤効果などの電子相関で $m^*(1+\lambda)$ と重くなったとする．し

かし，(5.1) 式の$\hbar k_F$は一定なので，電子相関で重くなった伝導電子のフェルミ速度は$v_F/(1+\lambda)$とゆっくりになる．100 倍重くなると 100 分の 1 倍遅くなる．重い電子は結晶内をゆっくり動くことになる．

伝導電子の散乱から次の散乱までの平均寿命が散乱の緩和時間τである．平均自由行程lは

$$l = v_F \tau \tag{5.2}$$

と与えられる．(5.1) と (5.2) 式から次式が得られる．

$$\frac{m^*}{\tau} = \frac{\hbar k_F}{l} \tag{5.3}$$

上述の 2 種類の伝導電子，すなわち電子相関を受けない電子と受けた電子が同じ結晶内に運動しているとする．lは不純物間の距離に相当するので (5.3) 式の右辺は一定と思われる．すると，$m^*(1+\lambda)$と重くなると結晶内をゆっくり動くので，その分寿命が$\tau(1+\lambda)$と伸びると考えてよいであろう．これが重い電子系の性質で，実験的にも確認されている[1)]．

次に周期表の横の系列も注目する必要がある．パイライト型の FeS_2, CoS_2, NiS_2, CuS_2, ZnS_2 である．バンド絶縁体の FeS_2 と ZnS_2, e_g 状態の 1/4 を占める CoS_2 は強磁性体，1/2 の NiS_2 はモット絶縁体，3/4 を占有する CuS_2 は超伝導体であった．Fe, Co, Ni, Cu, Zn と d 電子数が増えてゆく周期表の横の系列は，電子状態を著しく変える効果がある．

前述の $AuCu_3$ 型の化合物は遷移金属，希土類・アクチノイド化合物にわたって数多く存在する．価電子の数が 11 の $YbIn_3$ から出発して価電子数 19 の $NpGe_3$ まで研究することも可能である．あるいは正方晶 $HoCoGa_5$ 型の価電子 27 の $LaRhIn_5$ から出発して価電子数 32 の $PuCoGa_5$ までの研究もある．ある一つの新しい単結晶が生まれたら，周期表の縦と横に発展させるとおもしろい[2)]．

最後にどうしたら純良な単結晶が生まれるかについて述べる．MnP を例にする．T_C=291 K の室温付近の強磁性体である．そのインゴットを手で握

りしめると体温でMnPは暖められ磁石には引き寄せられない．つまり常磁性体となる．ところが水道水につけると，温度がT_C=291 K以下になり磁石に引き寄せられ強磁性体となる．T_C=292 KのGd単体金属も強磁性体であるが，酸化があるので，MnPが強磁性を実感できるよい教材の一つであろう．MnPの単結晶の育成法はいくつかある．MnとPの粉末をMn：P=1：1.07の組成で石英管に真空封入して，1週間かけて800℃まで昇温し，数日保持して室温に徐冷するとMnPの粉末ができる．このMnPを乳鉢で粉砕し，ペレットにプレスする．このMnPをアルミナるつぼ，あるいはイットリアるつぼに入れて石英管に真空封入し，温度勾配のある縦型電気炉にセットし1170℃まで昇温し，MnP (T_m=1147℃) を液相にし，1100℃まで数日かけて徐冷し,その後1日で室温にもってゆく．広義のブリッジマン法である．$10\phi \times 50$ mm^{3}の大型単結晶が育成される．この単結晶は普通RRRは100以下である．キャリアガスなしでMnPの粉末を850℃にセットし，育成端を800℃の化学輸送法を行うと，1 mm^{3}サイズの小さな単結晶が得られる．この小さな単結晶の質は良くてRRR=1300と報告され，dHvA信号が得られている[3)]．最近Snフラックス法がMnPに対して試みられた．粉末のMnを使って，Mn：P：Sn=1：1.07：(10 ～ 20)の組成でアルミナるつぼに約1000℃で1気圧になるわずかのアルゴンガスを入れて石英管に封入し，1150℃まで昇温し，およそ15日かけて500℃まで徐冷し，室温にもどして，Snを除去するとRRR=800 ～ 1100の純良単結晶が得られる．試料サイズは0.2×0.2×(3 ～ 5) mm^{3}である．このMnPのキュリー温度は圧力を加えると単調に減少し，約8 GPaで磁気秩序温度はゼロになる．強磁性は約3 GPaで別の磁気秩序に変化している可能性があるが，さらに圧力を加えた8 GPa付近でT_{sc}=1 Kの超伝導が見出された[4)]．また，dHvA効果実験が行われ$10m_0$の比較的重い伝導電子が検出されている[5)]．超伝導の発見やdHvA振動の検出には良質な単結晶が必要であり，この簡単なSnフラックス法で育成されたサイズで充分に実験が行える．このように，本編で述べた10種類の育成法をいろいろ試行することが良質な単結晶育成には必要である．単結晶育成は単純な喜びに出会えて，まともな単結晶ができると測定したくなり，研究は進んでゆくであろう．それが研究の原動力となり，次の化合物へと連なっていく．

参考文献

1) T. Ebihara, I. Umehara, A. Keiko Albessard, K. Satoh, and Y. Ōnuki: J. Phys. Soc. Jpn. **61**, 1473 (1992).
2) N. V. Hieu, T. Takeuchi, H. Shishido, C. Tonohiro, T. Yamada, H. Nakashima, K. Sugiyama, R. Settai, T. D. Matsuda, Y. Haga, M. Hagiwara, K. Kindo, S. Araki, Y. Nozue, and Y. Ōnuki: J. Phys. Soc. Jpn. **76**, 064702 (2007).
3) M. Ohbayashi, T. Komatsubara, and E. Hirahara: J. Phys. Soc. Jpn. **40**, 1088 (1976).
4) J.-G. Cheng, K. Matsubayashi, W. Wu, J. P. Sun, F. K. Lin, J. L. Luo, and Y. Uwatoko: Phys. Rev. Lett. **114**, 117001 (2015).
5) S. Kawakatsu, M. Kakihana, M. Nakashima, Y. Amako, A. Nakamura, D. Aoki, T. Takeuchi, H. Harima, M. Hedo, T. Nakama, and Y. Ōnuki: J. Phys. Soc. Jpn. **88**, 044705 (2019).

索　引

[さ]

[た]

大貫惇睦（おおぬき　よしちか）

1947年（昭和22年）栃木県出身．栃木県立鹿沼高等学校より京都大学工学部金属加工学科卒（1971年3月）．同大学院修士課程，東京大学大学院理学系研究科博士課程物理学専攻修了（理学博士）．埼玉工業大学工学部講師，筑波大学物質工学系講師，助教授，教授，大阪大学大学院理学研究科教授，同大学院停年退職（大阪大学名誉教授），琉球大学客員教授を経て，現在理化学研究所創発物性科学研究センター上級研究員．専攻は固体物性．

主な著書：『重い電子系の物理』（裳華房），『物性物理学』（朝倉書店），『物理学への誘い』（大阪大学出版会），『Physics of Heavy Fermions』（World Scienti.c）．

楽（たの）しい金属化合物（きんぞくかごうぶつ）の単結晶育成（たんけっしょういくせい）と物性（ぶっせい）

2021年7月25日　初版第1刷発行

著　　者　大貫　惇睦

発 行 人　島田　保江

発 行 所　株式会社アグネ技術センター

〒107-0062　東京都港区南青山5-1-25

TEL（03）3409-5329／FAX（03）3409-8237

振替　00180-8-41975

URL https://www.agne.co.jp/books/

印刷・製本　株式会社平河工業社

落丁本・乱丁本はお取替えいたします．

定価は本体カバーに表示してあります．

ISBN978-4-86707-006-2 C3042